Edgar K. Geffroy

Herzenssache Kunde

Edgar K. Geffroy

Herzenssache Kunde

Die sieben Schlüssel zum einzigartigen
Kundenerfolg mit Clienting

REDLINE | VERLAG

Bibliografische Information der Deutschen Nationalbibliothek:
Die Deutsche Nationalbibliothek verzeichnet diese Publikation in der Deutschen National-
bibliografie; detaillierte bibliografische Daten sind im Internet über **http://d-nb.de** abrufbar.

Für Fragen und Anregungen:
info@redline-verlag.de

1. Auflage 2015

© 2015 by Redline Verlag, ein Imprint der Münchner Verlagsgruppe GmbH,
Nymphenburger Straße 86
D-80636 München
Tel.: 089 651285-0
Fax: 089 652096

Redaktion: Desirée Simeg, Gersthofen
Umschlaggestaltung: Maria Wittek, München
Umschlagabbildung: Werdewelt
Satz: Fotosatz Pfeifer
Druck: CPI books GmbH, Leck
Printed in Germany

ISBN Print 978-3-86881-552-8
ISBN E-Book (PDF) 978-3-86414-450-9
ISBN E-Book (EPUB, Mobi) 978-3-86414-678-7

Weitere Informationen zum Verlag finden Sie unter

www.redline-verlag.de

Beachten Sie auch unsere weiteren Verlage unter
www.muenchner-verlagsgruppe.de

Inhalt

Als der Kunde zur Herzenssache wurde

Die Idee zu diesem Buch habe ich eigentlich meinen Kunden zu verdanken. Sie entstand während einer Keynote, die ich für einen der weltweit größten Versicherungskonzerne gehalten habe. Der Vorstandsvorsitzende hatte eine neue Strategie verordnet. Der Kunde sollte in den Mittelpunkt gerückt werden! Als man mich buchte, sagte man mir: »Wir verkaufen keine Produkte mehr, sondern helfen dem Kunden, besser zu leben.«

Genau dieser Satz ist der Schlüssel meines Clienting-Konzepts. Und das war nicht abgesprochen. Das war der Anlass zu meiner Keynote zum Clienting-Konzept und zum anschließenden Führungskräfte-Workshop. 100 Topmanager hatten die Aufgabe, die Strategie auf die Bedeutung für die einzelnen Abteilungen herunterzubrechen – und ich hatte die Aufgabe, das Ganze zu moderieren.

Eine ganz normale Sache, würde man denken. Doch der Abend verlief alles andere als normal. Die Teilnehmer tauschten sich lebhaft untereinander aus, was sie konkret tun könnten, um den Kunden mehr als nur Produkte zu verkaufen. Nach kurzer Zeit sagte dann einer der Teilnehmer: »Wenn wir das jetzt alles ernst nehmen, was wir gerade gesagt haben, dann müssen wir den Kunden zur Herzenssache machen!«

Im Raum wurde es kurz still. Plötzlich war allen klar, dass diese Sicht auf den Kunden die beste Grundlage für den Erfolg ist. Ich griff den Gedanken auf und fragte: »Ja, und wenn Sie den Kunden zur Herzenssache machen, was würden Sie dann anders machen?« Jetzt entwickelte sich eine unglaubliche Eigendynamik, wie bei einer losgetretenen Lawine. Kleingruppen organisierten sich selbst, um Fragen zu besprechen und Ideen zu sammeln. Die ursprünglich geplante Moderationsrunde zum Ende ließen wir ausfallen. In wenigen Stunden entstand ein konkreter Aktionsplan. Damit die intensive Beschäftigung mit dem Kunden keine Eintagsfliege bleibt, hat die Gruppe das Projekt »Herzenssache Kunde« ins Leben gerufen, sodass jeder Mitarbeiter im Unternehmen sich jeden Tag mit dem Kunden beschäftigt.

Obwohl ich es seit Jahren predige, wurde mir an diesem Abend einmal mehr bewusst, wann Clienting die größte Wirkung entfaltet. Nämlich dann, wenn jeder es mit Herzblut umsetzt. Meine Botschaft in diesem Buch lautet daher: Clienting muss *jeder* im Unternehmen leben, vom Vorstandsvorsitzenden über den Manager und den Fachmitarbeiter, die Sekretärin, den Azubi und den Praktikanten bis hin zur Reinigungskraft. Erst wenn jeder den Kunden zur Herzenssache macht, kann sich die Dynamik entfalten, die ein Unternehmen braucht, um wirklich nah am Kunden zu sein.

Ich bin überzeugt: Wenn Sie Ihre Kunden zur Herzenssache machen, werden Sie ganz viele Erfolgsfaktoren von sich aus umsetzen. Sie benötigen dann keine Tools, Methoden und langwierige Erfolgskontrollen – weil Sie intuitiv und durch Ihre Einstellung schon alles richtig machen.

Dass der Trend zur Emotionalisierung gerade dabei ist, die Businesswelt zu verändern, ist klar erkennbar. Dass weiche Faktoren wie Empathie, Intuition, Kommunikation, Nähe und Partnerschaft Einzug halten ins Business, ist für Sie vielleicht nichts Neues. Doch dies zu wissen reicht nicht. Um erfolgreich zu bleiben, müssen Sie darauf reagieren.

Die erfolgreichen Unternehmen von morgen sind die, die es schaffen, das höchste Einfühlungsvermögen für den Kunden aufzubringen, die höchste Form der emotionalen und gedanklichen Vernetzung herzustellen, also echte, gelebte, partnerschaftliche Beziehungen zu führen – und das über Hierarchieebenen hinweg, quer durch die Abteilungen. Und die zudem verstehen, dass Kundenerfolge jenseits des Egoismus alles verändern können. Erfolgreich werden ab jetzt die Unternehmen sein, die den Kunden zur Herzenssache machen. In diesem Buch zeige ich Ihnen, wie das geht.

In diesem Sinne wünsche ich Ihnen eine anregende Lektüre!

Herzlich,

Ihr Edgar K. Geffroy

1. Kopfstand der Marktregeln

Ich wusste nicht, wie mir geschah. Plötzlich sprachen alle über Kundenservice. Gerade eben war die Servicewüste Deutschland noch in aller Munde und Titelthema im *Stern* gewesen. Und auf einmal war die Welt wie ausgewechselt! Das war vor 20 Jahren. Bis dahin war das Motto »Profit is the Name of the Game« erste Wahl im deutschen Wirtschaftsalltag. Nur wenige Unternehmen hatten verstanden, dass der wichtigste Erfolgsfaktor ein anderer ist. Doch dann, Stück für Stück, wachte die Wirtschaft auf und entdeckte ihn: den Kunden. Immer mehr Unternehmer entwickelten ein Bewusstsein dafür, dass der Kunde der wesentliche Schlüssel zum Erfolg ist.

Der Siegeszug von Kundenzufriedenheit und Service in der Servicewüste Deutschland

Deutschland folgte dabei einem Trend, der weltweit für Furore sorgte. Kundenzufriedenheit und Service bekamen einen ganz neuen Stellenwert. Wer sich nicht an die neuen Regeln hielt, wurde abgestraft oder verschwand sogar ganz vom Markt. Und noch etwas passierte: Die Kunden wurden sich ihrer Macht bewusst. Sie merkten, wie sie hofiert wurden, und begannen, ihre Karten auszuspielen. So fand man den störenden Kunden immer häufiger als gern gesehenen Gast in TV-Talkshows wieder, und meine Vorträge zum Thema Kunde boomten.

Vorübergehend glaubte ich sogar, dass die Unternehmen die Herausforderung Kunde tatsächlich verstanden hätten. Ein großer Irrtum, denn die Entwicklung geht weiter. Wir stehen nach der ersten großen Welle der Kundenzufriedenheit alle wieder in den Startblöcken. Wer also glaubt, mit einfachem Kundenservice im sicheren Hafen gelandet zu sein, wird sich warm anziehen müssen. Denn wir befinden uns in einem Entwicklungsprozess, bei dem kein Stein auf dem anderen bleiben wird. Was die Veränderung antreibt, ist die digitale Welt. Sie allein wird dafür sorgen, dass wir den Faktor Kunde noch ein weiteres Mal neu erfinden müssen. Um die Beschwerde eines Kunden zu beantworten, reicht es heute bei Weitem nicht mehr aus, gute Textbausteine zu formulieren und den, der am besten passt, in die Antwort an den Kunden zu kopieren. Ein guter Freund von mir – Topmanager bei einem Global Player und dort verantwortlich für das internationale Service-Business – formuliert es so: »Wir sind gerade erst am Anfang.« Er vermutet, dass höchstens 20 Prozent der großen Konzerne wirklich verstanden haben, welchen Wert die Kunden wirklich für sie haben.

Der Begriff »Customer Experience Management« (kurz *CEM*) ist ein aktueller Modebegriff und bringt diese Herausforderungen auf den Punkt. Es reicht nicht mehr, dem Kunden einfach nur Produkte anzubieten. CEM – zu Deutsch Kundenerfahrungsmanagement – geht davon aus, dass Erlebnisse für den Kunden geschaffen werden müssen, um eine emotionale Bindung zwischen Kunden und Produkten beziehungsweise Anbietern aufzubauen. Das Ziel ist es, aus »einfachen« Kunden begeisterte Botschafter für Produkte und Marken zu machen.

Produkte sind out. Heute will der Kunde Erfahrungen.

Erfolgsfaktor Internet

Sowohl Kunden als auch Unternehmen leben heute in einer Zeit, in der die größten Veränderungen der Wirtschaftsgeschichte stattfinden. Der Hauptdarsteller in diesem Wirtschaftsepos ist das Internet. Wer den wichtigsten Akteur nicht ernst nimmt, scheitert. Quelle, Karstadt & Co. – die Liste wird jeden Tag länger. Wir wissen längst, dass die Kunden von heute die digitalen Chancen für sich zu nutzen wissen. Kunden sind nicht mehr unbe-

Kundeninnovationen sind der Erfolgsmotor: Wer zuerst kommt, gestaltet den Markt.

dingt treu. Liefert ein Onlineshop schneller als der andere, entscheidet sich der Kunde für den schnelleren Shop. Kommt ein Produkt auf den Markt, das es vorher noch nicht gab, wird der Kunde es kaufen. Selbst bei Innovationen, die keiner vorhersehen kann, greifen die Kunden vehement zu, sobald sie entdecken, dass es da etwas ganz Neues und Außergewöhnliches gibt. Denken Sie beispielsweise an die Berliner Firma brands4friends, die Topdesignerware bis zu 70 Prozent günstiger anbietet und für 150 Millionen Euro an Ebay verkauft worden ist. Inzwischen gibt es mehrere Anbieter dieser Art, doch damals war brands4friends einer der Ersten.

brands4friends

Der Onlineshopping-Klub für hochwertige Markenprodukte wurde 2007 in Berlin von Constantin Bisanz, Christian Heitmeyer, Nicolas Speeck und Marion Zimmermann gegründet. Heute hat das Unternehmen über 5 Millionen registrierte Mitglieder und mehr als 200 Mitarbeiter. 2011 kaufte Ebay das Unternehmen für 150 Millionen Euro. Im gleichen Jahr setzte der Plattformbetreiber Private Sale 70,8 Millionen Euro um.

Schaffen Sie also etwas, das der Kunde noch nicht kennt, das ihm das Gefühl gibt, dass er es schon immer haben wollte oder sogar ganz dringend braucht. Denn Kundenzufriedenheit allein ist eine Sackgasse. Zufriedene Kunden berichten immer nur über das, was sie bereits aus der Vergangenheit kennen. Gelingt Ihnen jedoch eine Kundeninnovation, können Sie den Markt für sich als Erster gestalten. Auch das deutsche Unternehmen HRS, ein Buchungsportal für Hotelzimmer, hat die neuen Möglichkeiten des Internets früh genutzt. Es bietet Privat- und Firmenkunden ein elektronisches Hotelreservierungssystem an. Kein Hotel kommt heute mehr an HRS vorbei.

HRS

Hotel Reservation Service, kurz HRS, hat seinen Hauptsitz in Köln und bietet Privat- und Firmenkunden eine Plattform für die Buchung und Reservierung von Hotelzimmern über das Internet. Gegründet hat der Inhaber Robert Ragge sein Unternehmen bereits 1972 als Reisebüro, das sich auf die Zimmervermittlung in Messezeiten spezialisierte. Bereits 1995 erfolgt der Launch der ersten HRS-Webseite in mehreren Sprachen. Heute hat die HRS Group rund 80 Millionen Nutzer pro Jahr und bietet über 250.000 Hotels aller Kategorien in 190 Ländern an. Weltweit arbeiten 1.300 Mitarbeiter für HRS und die Tochterunternehmen. Der Marktanteil liegt bei über 60 Prozent. Geschäftsführer ist Tobias Ragge, der Sohn des Gründers.

Viele Firmen, die heute eine marktführende Rolle spielen, haben ihre Kunden nicht nur zufriedengestellt, sondern verblüfft. Mit dem Internet haben Sie als Unternehmer dafür einen guten Partner an der Seite. Einen Partner, der Ihnen dabei helfen wird, neue Wege zu gehen. Einer meiner Kunden, der Kieferorthopäde van den Bruck aus Wesel, ist diesen Weg gegangen und hat es geschafft, direkt vom ersten Kontakt im Internet mit dem Patienten eine ganz andere Beziehung aufzubauen. Obwohl in Deutschland noch völlig unüblich, kann man auf seiner Homepage Termine direkt online buchen.

Paradigmenwechsel

Vielleicht ist Ihnen der Russe Nikolai Dimitrijewitsch Kondratjew ein Begriff, der für seine Überzeugungen leider sein Leben lassen musste. Kondratjew entwickelte die »Theorie der Langen Wellen«, bei der es um zyklische Wirtschaftsentwicklung geht. Leider passte Stalin nicht, was er da hören musste. Kondratjew wies nach, dass in Wellen von 50 Jahren Wohlstand nicht von der richtigen politischen Grundeinstel-

Die Dampfmaschine als Zugpferd des Commonwealth: Innovationen sind verantwortlich für den Erfolg ganzer Staaten.

lung abhängig ist, sondern einzig und allein von sogenannten Durchbruchinnovationen und Paradigmenwechseln. Seit 1780 hat er fünf Perioden ausgemacht, die zeigen, dass die Staaten und Menschen, die Innovationen besser umgesetzt haben als andere, zur Weltmacht wurden. So erfanden etwa die Engländer die Dampfmaschine und bauten damit das Commonwealth auf. Danach folgten die Gründerzeit in Europa, ausgelöst durch die Eisenbahn, die chemische Industrie, die Automobilindustrie und die Informationstechnologie.

Heute entsteht gerade das Paradigma des sechsten Zyklus. Der Startschuss für das digitale Zeitalter ist also gerade erst gefallen. Geprägt wird diese Entwicklung durch Hightech wie Internet und Robotik und als großes neues Thema die Bedeutung des Menschen durch eine Verbesserung seines Lebens und seiner Gesundheit. Es ist Gründerzeit. Und damit meine ich keine Unternehmensneugründungen, sondern die Möglichkeiten etablierter Unternehmen, die Beziehung zum Kunden neu zu entdecken und über das Internet neue Chancen zu nutzen.

Willkommen in der Gründerzeit der digitalen Welt! Höchste Zeit, den Kunden neu zu entdecken.

Bei der vorhin erwähnten Zahnarztpraxis van den Bruck buchen Patienten ihre Termine bereits online. Ich sage: Die anderen machen es nicht, weil sie noch nicht auf die Idee gekommen sind, dass es bereits Ärzte gibt, bei denen man sich online einen Termin holen kann. Wenn sie es erst einmal wissen, werden sie es auch tun. Ob Massagepraxis, Kosmetikerin oder der Friseur um die Ecke: Warum kann ich nicht kurz vor Mitternacht einen Termin online über die Webseite meines Friseurs vereinbaren? Oder noch besser über eine App – ganz egal, wo ich gerade bin, aber genau dann, wenn mir einfällt, dass ich einen Termin brauche? Ganz einfach: Das Internet ist heute auf dem Stand eines siebenjährigen Kindes. In wenigen Jahren werden wir lachen, wenn wir zurückschauen. Denn das, was heute wie Fortschritt pur aussieht, sind die ersten Samenkörner der Entwicklung.

Digitale Geschäftsideen

Ich bin davon überzeugt, dass zwei Drittel aller Geschäftsideen noch gar nicht erfunden wurden. Denn alles, was noch kommt, wird auf dem basieren, was heute möglich wird. Technische Möglichkeiten, Kundentrends, der gesellschaftliche Wandel, neue wirtschaftliche Entwicklungen und nicht zuletzt das von mir entwickelte Clienting ergeben Kombinationen für neue Geschäftsmodelle, die den Kunden jubilieren lassen werden. Es ist höchste Vorsicht geboten, wenn Sie weiter auf den Pfaden alter Gewohnheiten wandeln wollen. Früher oder später wird jeder gezwungen sein, sich mit dem größten wirtschaftlichen Wandel aller Zeiten auseinanderzusetzen. Besser, Sie gehören zu den Ersten, zu denen, die die Chancen erkennen, als zu den Spätzündern. Jetzt ist noch alles offen. Später müssen Sie schauen, was für Sie übrig bleibt. Die kieferorthopädische Praxis van den Bruck hat sich ganz ohne Not dem Thema gewidmet und ist heute bei Google mit den entsprechenden Keywords (lose Zahnspange, Kieferorthopäde Wesel) auf der ersten Seite. Und genau darum geht es: ganz vorne mit dabei sein!

So wie Mymuesli, ein Internetanbieter für Bio-Müsli, das sich jeder individuell zusammenstellen kann. 2007 Start-up des Jahres, 2013 Gewinner des Deutschen Gründerpreises in der Kategorie »Aufsteiger« und 2014 unter den Preisträgern von Bayerns Best 50 – eine Liste, in der nur Unternehmen stehen, die ihren Umsatz und die Anzahl der Mitarbeiter in den letzten Jahren überdurchschnittlich steigern konnten. Und die Kunden? Sie sind Fans. Über 80.000 Menschen haben bei Facebook auf »Gefällt mir« geklickt.

Mymuesli

Max Wittrock, Hubertus Bessau und Philipp Kraiss gründeten Mymuesli 2007 in Passau mit einem Startkapital von 3.500 Euro. Heute arbeiten 170 Mitarbeiter für das Unternehmen. Der Umsatz 2012 betrug mehrere Millionen Euro. 2013 war Mymuesli Gewinner in der Kategorie »Aufsteiger« des Deutschen Gründerpreises.

Das Internet ist wie Strom. Schalten Sie es ab, passiert nichts mehr. Verstehen Sie es hingegen als digitale Chance, eröffnen sich Ihnen völlig neue Kundenperspektiven, an die selbst Ihr Kunde vorher nie gedacht hätte. Wenn es dann auf einmal möglich ist, sich sein Lieblingsmüsli online zusammenzumischen und nach Hause schicken zu lassen, dann funktioniert das so gut, dass sich hinterher alle fragen, warum sie nicht selbst auf die Idee gekommen sind.

> **Das Internet ist wie Strom. Schalten Sie es ab, passiert nichts mehr.**

Die neue Freiheit

Noch spannender sind Geschäftsmodelle, die ganze Branchen erschüttern oder sogar zerstören. In den skandinavischen Ländern werden schon heute über 70 Prozent der Reisen online gebucht. In Deutschland sind es ungefähr 20 bis 30 Prozent. Reisebüros aufgepasst: Die Onlinebuchungen für Reisen werden auch in Deutschland weiter steigen! Flüge online zu buchen ist bei uns jetzt schon Realität. Buchen, einchecken, losfliegen – das geht sogar, ohne etwas ausdrucken zu müssen. Der QR-Code auf dem Smartphone reicht aus.

Im Kommen ist auch die NFC-Technologie für den Zahlungsverkehr im Supermarkt: Diese Funktechnik macht die Zahlung praktisch »im Vorbeigehen« möglich. Es reicht, das Handy an ein Lesegerät zu halten, und schon ist der Einkauf bezahlt. Ganz ohne Bargeld oder Kreditkarte.

Oder nehmen Sie Car2go, einen Anbieter für Mietautos, die in jeder großen Stadt zur Verfügung stehen. Hier wird die ganze Automobilbranche hinterfragt. Brauche ich überhaupt noch ein eigenes Auto oder will ich nur schnelle Mobilität? Genau da, wo ich bin, und nur solange ich will. Wer in einer größeren Stadt lebt, braucht heute kein eigenes Auto mehr.

> **Ihre Kunden leben online und wissen alles. Sind Sie darauf vorbereitet?**

Es gibt heutzutage nicht nur Autos auf Abruf, sondern auch jede andere x-beliebige Information – ganz gleich, wann oder wo wir sie wollen. Und wem das Tippen auf den kleinen Tasten schwerfällt, der kann seinem persönlichen Assistenten – auch als Smartphone bekannt – die Frage einfach diktieren. Dazu fällt mir eine Geschichte ein: Ich saß mittags in einem Robinson Club mit einem Pärchen und seinen Kindern am Tisch, als die Mutter etwas genervt zu ihrer Tochter sagte: »Leg wenigstens beim Mittagessen das verdammte Ding weg.« Die Antwort kam schnell: »Das ist kein Ding, das ist mein Leben!« Die Welt ist voll von Wissensexperten, der digitalen Welt sei Dank. Jeder kann scannen, googeln, liken und posten. Über Sie, über mich und über jeden anderen. Preise, Wettbewerber, Kritiken, Alternativen – alles ist nur einen Klick entfernt. Kurzum: Der Kunde ist heute mündiger und informierter als so mancher Verkäufer. Darauf müssen sich die Unternehmen einstellen.

Grenzenlose Märkte

Früher war der Kirchturm die Grenze. Heute gibt es keine Grenzen mehr. Die digitale Welt macht mobil. Die Entwicklung hat den gleichen Charakter wie damals, als die Eisenbahn erfunden wurde. Heute ist es egal, wo jemand sein Unternehmen hat, das Internet ist überall. So kaufen zum Beispiel immer mehr Deutsche in englischen Onlineshops, weil es dort das gibt, was die Menschen hier wollen. In Deutschland haben viele Unternehmen, die ihre Produkte auch im Internet anbieten könnten, keinen Onlineshop. Ein Versäumnis mit Folgen. Denn wenn sie es nicht selbst machen, dann machen es die Engländer – oder jemand anders, der schneller ist. Darum bekommt auch die Kundenbeziehung einen neuen Stellenwert.

Sie suchen einen neuen Standort? Meine Idee: Nehmen Sie das Internet.

Lassen Sie mich Ihnen Wege und Chancen aufzeigen, die Sie konkret nutzen können. Bevor es jeder macht. Ich möchte Ihnen Ideen an die Hand geben, die 98 Prozent der Unternehmen noch gar nicht sehen, geschweige denn einsetzen. Die neue Welt der Kunden ist längst da und verändert Ihre Welt immer schneller. Wenn Sie wollen, helfe ich Ihnen, auf den Zug aufzuspringen.

Die traurige Geschichte des Videoverleihers um die Ecke, der noch mit VHS-Kassetten groß geworden ist und dann irgendwann schließen musste, ist schon etwas älter. Doch sie spiegelt exakt das wider, was passiert, wenn ein Unternehmen sich nicht rechtzeitig um neue Kundentrends kümmert. Geschäftsmodelle brechen weg und neue entstehen. Einfach so. Genau an der Stelle möchte ich ansetzen.

Ich bin überzeugt davon, dass man als Unternehmer seinen Erfolg aktiv gestaltet. Es gibt immer Signale, die frühzeitig einen Wandel im Markt und im Geschäft erkennen lassen. Also, entwickeln Sie die richtigen Techniken und machen Sie Ihre eigene Konjunktur! Denn es gibt nur einen einzigen Trend – nämlich den, den Sie selbst setzen. Es ist Ihre Entscheidung. Sie haben es in der Hand, ob Sie einen Markt decken oder einen Markt wecken. Einen Markt zu decken, geht einfacher. Denken Sie an brands4friends. Dort ist

Märkte zu decken ist gut. Märkte zu wecken ist einzigartig. Ihr Gewinn: Erfolg, der Bestand hat.

mit dem Faktor Internet ein Geschäftsmodell neu erfunden worden. Das hat funktioniert. So gut, dass dann auch andere Anbieter folgten. Die zweite Strategie ist, einen neuen Markt zu erfinden und die Kunden mit einer Idee zu begeistern, die alles in den Schatten stellt. Etwas, was es schon gibt, ganz neu zu kombinieren. Einen Markt zu wecken ist schwieriger, aber beständiger. Und einzigartiger.

Innovation durch Kombination

So hat es Apple gemacht. Alle Komponenten waren vorhanden. Aber dadurch, dass Steve Jobs und sein Team einen Trend entdeckt und neue Technologien genutzt haben, ist etwas entstanden, das die Welt verändert hat. Erst die bessere Bandbreite hat es möglich gemacht, dass iPhones zu persönlichen Assistenten werden konnten.

Und die geniale Idee, Apps nicht selbst zu produzieren, sondern mit Partnern, bescherte Apple bis heute 1,2 Millionen Apps und Lösungen für fast jede Gelegenheit. Wenn man dann noch das altbewährte Know-how sowie die konsequente Einfachheit mit einbringt und einen Kultstatus erzeugt, kann man einen ganz neuen Markt schaffen.

Nun liegt es nahe zu denken, dass nur große Unternehmen wie Apple so etwas stemmen können. Stimmt aber nicht: Das Internet kennt **Dem Internet ist es egal,** kein Groß oder Klein, sondern nur aktiv oder in- **ob Sie ein großes oder** aktiv. Google ist eine Maschine, die zwar immer **kleines Unternehmen** intelligenter wird, aber sie ist und bleibt eine Ma- **haben – wichtig ist, sich an** schine. Wenn Sie die Spielregeln kennen, können **die Spielregeln zu halten.** Sie Ihren Erfolgshorizont erweitern, ganz gleich, ob Sie an der Spitze eines Konzerns stehen oder Inhaber eines kleinen Unternehmens sind.

Apple

1976 von Steve Jobs, Steve Wozniak und Ron Wayne als Garagenfirma gegründet, zählte Apple zu den ersten Herstellern von Personal Computern. Ende September 2013 beschäftigte Apple 80.300 Mitarbeiter und zählt zu den größten Unternehmen der Welt. Laut Financial Times Global 500 ist Apple seit September 2011 fast durchgängig auch das wertvollste Unternehmen der Welt. 2013 machte Apple einen Umsatz von 170,9 Milliarden US-Dollar und einen Gewinn von 37 Milliarden US-Dollar.

So, wie es die Dr. Ullrich Medizintechnik auf ihrer Webseite macht: Wer bei Google »schmerzfrei leben« eingibt, findet die Webseite unseres Kunden, Dr. Ullrich, auf der ersten Seite. Ihm gelang es in wenigen Wochen, 6.000 neue Kontakte über das Internet zu schaffen, von denen dann ein Drittel auch direkt gekauft hat. Es klappt also! Wer die Welt durch die Augen des Kunden betrachtet, hat viel mehr Möglichkeiten. Machen Sie Ihre eigene Konjunktur – das Internet macht es möglich.

Wichtig bei alledem ist es, eine klare Kundenstrategie zu haben. Machen Sie alles allein oder holen Sie sich Partner ins Boot? Verkaufen Sie ausschließlich über den Handel und gehen das Risiko ein, immer mehr Geschäft ans Internet zu verlieren? Oder fahren Sie lieber eine Doppelstrategie mit einem Shop im Internet, um nicht unterzugehen? Das sind die Fragen, mit denen Anbieter sich heute auseinandersetzen müssen. In den Strategie-Coachings bei unseren Kunden nehmen diese Fragen einen immer größeren Raum ein: Wie kann ich etwas antizipieren, das der Kunde erwartet, aber noch gar nicht bekommt? Wie kann ich etwas liefern, das es noch gar nicht gibt, das aber jeder will?

Die Wirtschaft im Fluss der (R)Evolution. Schwimmen Sie mit, denn er mündet ins Meer der digitalen Möglichkeiten.

Das sind die Schlüsselfragen der Zukunft, wenn der Kunde bei Ihnen die Hauptrolle spielen soll. Und er wird es definitiv, wenn Sie diese Fragen für Ihr Geschäft richtig beantworten. Doch ruhig Blut. Bitte verfallen Sie jetzt nicht in unkontrollierten Aktionismus, denn noch haben Sie alles in der Hand. Wir sind aktuell bei Stunde eins, wie ein Topmanager von Google sagte. Können wir Kondratjew Glauben schenken, dann haben wir noch rund 25 Jahre Zeit, bevor wir den Höhepunkt der digitalen Welle erreichen.

Marktregeln verschwinden nicht von heute auf morgen, aber sie nehmen nach einer langen Startphase an Dynamik zu und entfalten dann ihre Turbulenzen in den Märkten und in den Köpfen der Kunden. So kann sich heute in den USA schon niemand mehr vorstellen, nicht online beim Friseur oder beim Arzt einen Termin zu vereinbaren. Die Revolution der Wirtschaft und damit der Kunden ist in vollem Gange. Und sie wird mehr verändern als die letzten 50 Jahre davor. Wenn Sie allerdings von Revolution das R wegnehmen, bleibt Evolution übrig. Alles fließt. Es ist ein unaufhaltsamer Entwicklungsprozess der Natur. Wir können diesen Prozess nur mitgestalten – bestenfalls im Sinne unserer Kunden.

Genau *jetzt* hat jedes Unternehmen die einzigartige Chance, den Wandel als Herausforderung zu sehen und eine neue Kundenwelt zu erschaffen. Es ist Zeit, das Internet einzuschalten und mit dem Strom der (R)Evolution zu schwimmen.

Auf den Punkt

- Wer allein auf Kundenservice setzt, steckt in einer Sackgasse.
- Wir stehen erst am Anfang des digitalen Zeitalters.
- Am Internet kommt heute keiner mehr vorbei.
- Mobilität und Wissen auf Abruf, jederzeit verfügbar – das ist die neue Freiheit.
- Heute haben Märkte keine Grenzen mehr.
- Wenn Sie Märkte wecken, machen Sie Ihre eigene Konjunktur.
- Das Internet kennt kein Groß oder Klein, nur aktiv oder inaktiv.
- Eine klare Kundenstrategie ist die Basis für Erfolg.

2. Das Märchen vom Marketing

Ganz gleich ob nervige Radiowerbung, Werbefilme, die eine schöne neue Welt versprechen, Zeitschriften, in denen Anzeigen mehr Platz einnehmen als Artikel, oder Produktdisplays, die in den Supermärkten die Gänge blockieren: Ich mag das alles nicht mehr sehen – und ich bin garantiert nicht der Einzige. All diese unfreiwilligen Kundenverärgerungsmaßnahmen sind Ergebnisse des klassischen Marketings. Doch Marketing ist einfach überholt. Wie der Begriff schon sagt: »Marketing« bedeutet, in Märkten zu denken. Das hat funktioniert, solange wir Verkäufermärkte hatten. Doch diese Zeiten sind vorbei: Heute haben wir den Käufermarkt.

Verstehen Sie mich nicht falsch. Ich zweifle nicht an, dass das klassische Marketing sich neben den Märkten auch die Kunden anschaut. Doch durch die rasanten Entwicklungen und diversen Möglichkeiten der digitalen Welt sind viele grundlegende Ansätze des Marketings mindestens renovierungsbedürftig.

Denken Sie an die »4 Ps des klassischen Marketings«: *Product* für Produktpolitik, *Price* für Preispolitik, *Promotion* für Kommunikationspolitik und *Place* für Distributions- und Vertriebspolitik. Wenn wir uns nur das Thema Price anschauen, wird schon deutlich, dass die Sache mit der Preispolitik höchstens noch bei den Lebensmitteldiscountern greift. In der digitalen Welt hat der Preis eine Lebensdauer von ein paar Minuten, bevor Wettbewerber und Händler darauf reagieren und günstigere Angebote machen.

Marketing über den Preis funktioniert höchstens noch bei Lebensmitteln.

Doch klassische Marketingstrategien sind nicht geeignet, um auf solche Schachzüge angemessen schnell zu reagieren. Allein die Tatsache, dass Marketingprojekte geplant und budgetiert werden, impliziert lange Vorlauf- und Umsetzungszeiten. Kommen noch komplizierte Teamstrukturen und Entscheidungswege hinzu, können sie zu Endlosprojekten ausarten. Ist das Konzept dann endlich fertig, hat sich der Markt längst verändert. Ad-hoc-Denken und spontanes Handeln sind im klassischen Marketing kaum möglich.

Marketing braucht Flexibilität und Schnelligkeit

Schnelle Reaktionen und ein gutes Timing sind eine riesige Chance. Das zeigte der Hersteller von Oreo-Keksen, ein Gebäck, das man in Kaffee, Milch oder Tee tunkt: Beim Super Bowl, dem Finalspiel der US-amerikanischen Football-Liga NFL, gab es 2013 einen Stromausfall. Was machte der Hersteller der Oreo-Kekse? Er nutzte die Gunst der Stunde und twitterte geistesgegenwärtig: »Tunken geht auch im Dunkeln.« Durch diese fünf Worte, zum richtigen Zeitpunkt gesendet, gelang eine geniale Promotion: Diese kleine Aktion wurde zu einer Top-Story und zum dominierenden Thema bei einem der weltweit größten Sportevents.

Sind die klassischen Marketingabteilungen darauf vorbereitet, sofort zu reagieren, wenn sich eine spannende Story andeutet? Ich glaube nicht. Die größte Herausforderung wird es sein, auf das Highspeed-Tempo der heutigen digitalen Welt einzugehen.

Mit Highspeed durch die digitale Welt surfen – das ist *die* Herausforderung des klassischen Marketings.

Wir leben in einer Zeit, in der Echtzeitreaktionen als Schlüssel zum Erfolg gelten – da muss das Marketing in der Lage sein, just in time zu agieren. Darum bin ich überzeugt: Klassisches Marketing war gestern. Wenn der Faktor Zeit zu einem Schlüsselfaktor im Kundenerfolg geworden ist, dann brauchen Unternehmen ein neues Marketing. Heute brauchen Sie schnelle Einsatzteams, die digital kompetent sind, die bei Kundenreaktionen sofort antworten und die bei Kommunikationschancen flexibel handeln.

Die neue Offenheit

Wie häufig sind Ihre Marketingmitarbeiter heute mit Ihren Kunden zusammen? Wenn der Kunde das Maß aller Dinge ist, kann ein Unternehmen, das den Kunden von morgen gewinnen will, nur dann erfolgreich agieren, wenn es mit den Kunden in direktem Kontakt steht. Ein Beispiel: Die Mitarbeiter von Harley-Davidson, einem Kultunternehmen in der Motorradwelt, verbringen im wahrsten Sinne des Wortes mehr als 250 Tage im Jahr mit den Kunden auf der Straße. Die Nähe zum Kunden wird hier wirklich gelebt und die Erkenntnisse fließen direkt zurück in die Entwicklung neuer Motorräder und Ideen.

Harley-Davidson

Das US-amerikanische Unternehmen ist börsennotiert und wurde 1903 von William S. »Bill« Harley und Arthur Davidson in Milwaukee, Wisconsin, gegründet. Harley-Davidson ist einer der ältesten Motorradhersteller der Welt. Die 5.800 Mitarbeiter machten im Jahr 2012 einen Umsatz von rund 4,9 Milliarden US-Dollar.

Meine Kritik am klassischen Marketing der alten Welt ist, dass es von innen nach außen handelt. Heute ist es erforderlich, dieses System auf den Kopf zu stellen. Wer in der digitalen Welt erfolgreiches Marketing machen möchte, muss von außen nach innen handeln. Gehen Sie also zuerst zu Ihren Kunden und hören Sie ihnen zu. Erst danach fangen Sie an, neue Ideen, Lösungen und Produkte zu entwickeln – und zwar für Ihre Kunden. Dafür braucht es eine neue **Digital erfolgreich ist, wer von außen nach innen handelt.** Form der Offenheit in den Unternehmen: Offenheit für Kritik und für neue Ideen, die Ihre Kunden im Kopf haben. Denn in Zukunft werden Sie noch genauer wissen müssen, was Ihre Kunden denken, als es heute schon der Fall ist.

Schon vor längerer Zeit bin ich auf eine neue Form der Kundenzu-friedenheitsanalyse gestoßen. Sie folgt exakt dieser Idee – nämlich was der Kunde denkt. Dieser neue Weg, in die Kundenwelt pragma-tisch einzutauchen und neue Erkenntnisse der Kundenzufriedenheit zu ermitteln, stammt aus Harvard. Der US-amerikanische Wirtschafts-stratege Fred Reichheld entwickelte gemeinsam mit Satmetrix Systems Inc. und Bain & Compa-ny ein System namens *NPS*. Die Abkürzung steht für *Net Promoter Score* und ist eine Kennzahl, die mit dem zukünftigen Unterneh-menserfolg korreliert. Die Grundidee ist überraschend einfach und anders als andere Kennzahlen.

Finden Sie heraus, ob Ihre Kunden Sie weiterempfehlen würden, und fragen Sie nach dem Warum.

Der NPS ist im Wesentlichen reduziert auf eine Frage, die dem Kun-den immer wieder gestellt wird: »Wie wahrscheinlich ist es, dass Sie dieses Produkt/dieses Unternehmen/diese Marke einem Freund oder Kollegen weiterempfehlen werden?« Die Kunden können ihre Antworten auf einer Skala von 0 bis 10 eintragen. Vergibt ein Kunde 8, 9 oder gar 10 Punkte, kann man ihn als einen begeisterten Kun-den und idealen Botschafter für das Unternehmen einstufen. Solche Kunden werden dann in der nächsten Stufe noch gefragt, was genau sie begeistert hat. Ganz unten auf der Skala steht die Aussage: »Ich würde das Unternehmen nicht weiterempfehlen.« Dann besteht so-fortiger Handlungsbedarf und es folgt die Frage, warum der Kunde das Unternehmen nicht weiterempfehlen würde.

Ehrlich gesagt war ich leicht verblüfft, als ich von der »neuen« Me-thode hörte, weil ich mit diesen Schlüsselfragen schon immer an mei-ne Arbeit herangegangen bin. Für mich war das System also nicht neu und ohnehin eine der Grundlagen für die Arbeit mit meinen Kunden. Die Frage nach der Zufriedenheit hat übrigens einen noch größeren Vorteil, wenn Sie dem Kunden dabei persönlich gegenüberstehen. Dann können Sie in seinem Gesicht die Reaktion ablesen – und zwar schon bevor er oder sie überhaupt etwas gesagt hat. So erhöht sich die Authentizität und Glaubwürdigkeit der Aussage des Kunden enorm.

Der Vorteil des Net Promoter Score liegt in seiner Einfachheit. In den letzten Jahren wurde der Ansatz zum Net Promoter System weiterentwickelt. Der Clou liegt darin, über die erste Frage hinaus weitere Fragen zu stellen, die Aufschluss darüber geben, was der Kunde will. Wenn Sie das über Ihre Kunden wissen, ist das Ihr Schlüssel zum Erfolg. Finden diese Kundenideen und Reaktionen in Ihrem Unternehmen Gehör, können Sie davon ausgehen, dass die Zufriedenheit Ihrer Kunden steigen wird. Das ist die Basis für Kundenorientierung und Erfolg.

Virale Distribution via Video

Als Fan der digitalen Welt bin ich begeistert von den vielfältigen Möglichkeiten des Internets. Das ist aber noch nicht alles – ich bin auch ein Beziehungsfanatiker. Nur so konnte ich mit meinem Team auf eine Geschäftsidee stoßen, als wir einem unserer Kunden zuhörten, der davon erzählte, vor welchem Problem er gerade stand: Die Marketingabteilung einer Versicherungsgesellschaft musste innerhalb von sechs Wochen über 8.000 Versicherungsmakler umfassend über ein Produkt informieren. Allerdings lief die Uhr rückwärts: Das Produkt war zu diesem Zeitpunkt noch nicht ganz fertig, musste aber flächendeckend bis Anfang Dezember eingeführt sein, damit das Unternehmen das Jahresendgeschäft mitnehmen konnte. Eine neue Lösung aus der Internetwelt brachte den Durchbruch mit bewegten Bildern. Mehr dazu erfahren Sie in Kapitel 6.

Beziehungen können heutzutage auch über Videos aufgebaut werden. Also entwickelten wir für den Versicherungskunden ein interaktives Video – als Ersatz für den Verkäufer in der Kontaktphase. Wir gehörten damit zu den Ersten, die eine Marketingabteilung für den Distributionskanal Internet begeistern konnten. Das alles war nur möglich, weil wir einen guten Kontakt zu unseren Kunden pflegen.

Heute können Internetvideos über den viralen Weg Millionen von
Kunden erreichen – weil sie ein Produkt kreativ und anders promo-
Das Internet ist der neue ten. Heute sind es immer mehr Unternehmen, die
Distributionskanal des ihre Kunden jenseits der klassischen TV-Spots,
Marketings. Anzeigen und Beilagen digital ansprechen.

Ein zunächst albern wirkendes, aber durchaus wirkungsvolles Beispiel für das neue Marketing ist das mittlerweile mehr als 75 Millionen Mal aufgerufene Video von Jean-Claude Van Damme für Volvo
Trucks: »Volvo Trucks – The Epic Split feat. Van
Wenn einzelne Videos Damme.« Dieses Video zeigt den Schauspieler,
mehrere Millionen wie er auf den Rückspiegeln zweier Trucks steht,
Menschen erreichen die nebeneinanderfahren. Die Lkws driften dann
können, dann sollten so weit auseinander, dass Van Damme sich im Spa-
wir alles, was wir bisher gat zwischen den Trucks halten muss. Der Clou:
über Marketing wissen, Die Trucks fahren exakt in diesem Abstand weiter.
infrage stellen. Zunächst kamen Zweifel auf, ob das Video überhaupt echt sei. Als das endlich bewiesen wurde, war das Video im
Netz aber schon längst ein Hit.

Auch sehr erfolgreich ist ein Youtube-Video von Volkswagen, das
2011 entstanden ist. Darin versucht ein kleiner Junge, der als *Star
Wars*-Bösewicht Darth Vader verkleidet ist, durch Telepathie Gegenstände zu bewegen. Erst beim neuen VW Passat ist er erfolgreich –
allerdings mit der Unterstützung seines Vaters, der unbemerkt auf
den Fernbedienungsknopf drückt. Dieses Video haben inzwischen
mehr als 60 Millionen Menschen gesehen. Mein US-amerikanischer
Kollege Seth Godin sagt: »Wenn zwei solche Videos eine solche
Wirkung haben, dann sollten wir alles, was wir bisher über Marketing wissen, infrage stellen.«

Chefsache Internet

Spätestens jetzt sollte jedem klar sein: Die digitale Welt erzwingt ein radikales Umdenken in den Marketingabteilungen. Zuerst waren es die EDV-Abteilungen, die mit großen Umwälzungen konfrontiert wurden, und sie stecken noch mitten im Prozess. Jetzt folgt das Marketing. Das Tempo der wirtschaftlichen Entwicklung nimmt durch die Kommunikation im Internet weiter zu. Die Kunden sind bestens informiert und werden immer anspruchsvoller. Der Wettbewerber ist nur einen Klick entfernt und agiert in vielen Fällen immer aggressiver.

Viele Marketingchefs erkennen zwar den Handlungsbedarf, wissen aber nicht genau, was jetzt zu tun ist. Einige rekrutieren für ihre Mannschaft Digital Natives, die ihnen aus ihrer Welt heraus erklären sollen, wie ein Topentscheider heute denken muss. Das ist ein erster Schritt, um digitale Kompetenz ins Unternehmen zu holen, denn heute müssen Marken, Produkte und Lösungen digital gedacht und entwickelt werden. Das erfordert ein tiefes Verständnis für das heutige Internet – Stichwort Vernetzung. Social Media ist der neue Weg. Wer nie gelernt hat, digital zu denken, trifft schnell Fehlentscheidungen und versenkt womöglich Millionen.

Internet ist Chefsache. Denn der Mangel an digitalem Verstand kann teuer werden.

So wie kürzlich ein Unternehmen, das für 3,5 Millionen Euro einen Onlineshop aufgebaut hat. Ich wurde gebeten, der Unternehmensleitung meine Meinung zu dem Shop kundzutun, denn leider musste dieser wenige Tage nach dem Start wieder abgeschaltet werden, weil alles floppte. Noch heute tobt in dem Unternehmen ein Streit, wer das Drama verursacht hat. Doch ist es wirklich wichtig, wer der Verursacher war? Fakt ist doch, dass in dem Unternehmen nicht ausreichend digitale Kompetenz vorhanden war. Niemand hätte sehenden Auges 3,5 Millionen versenkt. Schuld ist hier der Mangel an digitalem Verstand. Meine Überzeugung ist: Internet ist Chefsache. Das gilt auch für die Chefs von Marketingabteilungen.

Das Unternehmen Nike zeigt, wie man auf der digitalen Klaviatur die schönsten Kompositionen hervorbringen kann: Nike gilt eindeutig als eine Topmarke mit tollen Produkten. Dem Unternehmen gelingt es spielend, dem Kunden ein Gefühl von Begierde und Besitzerstolz zu vermitteln. Einen der spannendsten Kundentrends der nächsten Jahre – nämlich die Individualisierung von Produkten und Lösungen – hat Nike längst umgesetzt: Schon seit einiger Zeit können Sie sich Ihren individuellen Schuh zusammenstellen.

Nike

Der US-amerikanische Sportartikelhersteller wurde 1972 mit Sitz in Beaverton, Oregon, gegründet. Der Name des Unternehmens ist angelehnt an die Siegesgöttin Nike aus der griechischen Mythologie. 2011 hatte das Unternehmen 38.000 Mitarbeiter und setzte 25,3 Milliarden Euro um.

Mit Sicherheit ist Nike in der klassischen Marketingwelt mit seiner Marken- und Produktausrichtung sehr gut aufgestellt. Doch darüber hinaus hat man dort begriffen, dass zukünftige Erfolge nicht mehr allein vom Produkt abhängig sein werden, sondern davon, wie man Produkte in der digitalen Welt vernetzt. Nike stellt seinen Kunden mehrere kostenlose Apps zur Verfügung, die als individueller Coach beim Joggen fungieren. Die Apps erfassen nicht nur, wo Sie laufen, sondern auch, wie Sie laufen. Die Ergebnisse und Dokumentationen stehen Ihnen jederzeit in Ihrem Smartphone zur Verfügung. Und wenn Sie wollen, können Sie über Facebook & Co. Gleichgesinnte suchen, sich mit Ihnen austauschen und zum Laufen verabreden. Allein laufen war gestern. Heute sind Sie vernetzt. Diese Vernetzung schafft für Sie einen persönlichen Nutzen und integriert Sie in die digitale Welt.

Doch damit nicht genug. Nike geht noch weiter und bietet seinen Kunden ein Armband an – das sogenannte Nike+ Fuelband. Das kostet zwar Geld, doch man kann damit seinen täglichen Erfolg noch besser messen. Das Armband ist nicht nur ein Schrittzähler, der die verbrannten Kalorien ausrechnet. Es unterstützt den Läufer auch bei der Verfolgung seiner Ziele, indem es blinkt, wenn er sich noch bewegen muss, um die Tages-Fuel-Punkte zu erreichen. Dabei erfasst das Armband nicht nur Schritte, sondern allgemein Bewegungen. Zusammen mit der App gibt es noch mehr Features.

Ich bin davon überzeugt, dass das erste Ideen sind und die Verschmelzung von Unternehmen mit ihren Kunden noch ganz neue Blüten treiben wird.

Clienting:
Der Rundumblick auf Mensch, Marke und Produkt

Neueste Umfrageergebnisse zeigen, dass sich heute etwa 44 Prozent der Deutschen im Internet informieren, bevor sie eine Kaufentscheidung treffen. Bei Reisen und Unterhaltungselektronik sind es bereits zwei Drittel. Die Kunden von heute gehen auf Expertenportale, schauen sich an, wie Produkte bewertet werden, fragen ihr soziales Netzwerk und vergleichen die Preise in Onlineshops. Hochrechnungen gehen davon aus, dass in den nächsten Jahren bis zu 15 Milliarden Geräte verkauft werden, die mit dem Internet verbunden sind. Die Entwicklung wird sich weiter verstärken.

44 Prozent der Deutschen informieren sich vor dem Kauf eines Produkts im Internet.

Vergessen Sie die klassischen Marketingmedien! Prospekte, Flyer und Kataloge braucht heute kaum noch jemand. Die Informationen stehen im Netz schneller und aktueller zur Verfügung. Bereits jetzt werden in vielen Branchen gar keine Printprodukte mehr gedruckt, weil vieles zum Zeitpunkt des Drucks bereits überholt ist. IT, Hotelgewerbe, Tourismus & Co. – sie alle verzichten immer mehr auf die Papierflut des klassischen Marketings. Das entlastet übrigens nicht nur den Kunden, sondern schont auch noch die Ressourcen.

Wenn wir die Vernetzung von Menschen, Produkten und Ideen betrachten, dann könnte man das neue Marketing auch als Clienting bezeichnen. Konsequent zu Ende gedacht, wird beim neuen Marketing alles aus der Sicht des Kunden heraus entwickelt. Selbstverständlich spielen über das Kundenmanagement hinaus auch Marken- und Produktmanagement eine entscheidende Rolle. Doch wer den Kunden von morgen gewinnen will, wird alle drei Faktoren miteinander vernetzen müssen.

Als ich vor Jahren mit dem Clienting-Konzept meinen ersten »Angriff« auf die Komfortzone der Wirtschaft weltweit startete, stieß ich auf Ignoranz und war mit teilweise recht aggressivem Gegenwind konfrontiert. Neues wird zu Beginn häufig kritisiert. Zu bequem ist es, den ausgetretenen Pfaden zu folgen. Damals mag ich meiner Zeit voraus gewesen sein, doch heute kann es sich niemand mehr leisten, Scheuklappen aufzusetzen und stur die klassischen Wege zu nutzen. Denn es braucht Zeit, mit neuen Ansätzen umgehen zu lernen. Wer damit zu spät anfängt, hinkt hinterher. Selbst wenn es nur um Nuancen der Veränderung geht.

Lassen Sie mich einen Gedanken mit Ihnen teilen, um zu erläutern, wie das zu verstehen ist: Ich habe mir das Wort NEU einmal genauer angeschaut. Seitdem ist meine Definition für **NEU bedeutet: nur ein Unterschied.** »neu« ganz anders: **N**ur **E**in **U**nterschied. Häufig ist es am Anfang nur ein kleines Detail, das den Unterschied macht. Ob mehr Kunden ihren Kaffee in einem Kaffeehaus oder doch lieber entspannt zu Hause genießen wollen, entscheidet darüber, welches Geschäftsmodell erfolgreicher ist.

Das Ende der alten Strukturen

Als der Clienting-Gedanke neu war, kam oft der Vorschlag, neben der Marketingabteilung eine Clienting-Abteilung ins Leben zu rufen. Genau das darf nicht passieren! Clienting muss von *jedem* im

Unternehmen gelebt werden, es darf nicht durch die Mauern zwischen Abteilungen isoliert werden. Ich bin sogar davon überzeugt, dass die geschlossene Marketingabteilung eines Unternehmens keine Existenzberechtigung mehr hat. Kein Unternehmen kann es sich heute noch leisten, abgeschlossene Bereiche zu tolerieren, die nicht in permanentem Kontakt und in Beziehungen zwischen innen und außen agieren.

Meine Forderung ist ganz deutlich: Lösen Sie das Abteilungsdenken auf und gehen Sie dorthin, wo Ihre Kunden sind! Ich möchte niemandem seinen Arbeitsplatz wegnehmen. Mir geht es lediglich um eine andere Form der Organisation. Ich bin überzeugt: Die einzig zukunftsfähige Organisation ist diejenige, die in Projekten denkt und handelt. Das ist eine Struktur, die sich an der Kundenstrategie des Unternehmens ausrichtet. Mit Teams aus Buchhaltungs-, Controlling-, Vertriebs- und IT-Experten, die alle zusammenarbeiten, um für den Kunden neue Vorteile zu schaffen. Das ist die Zukunft!

Google

Die Aktiengesellschaft wurde 1998 von Larry Page und Sergey Brin gegründet. 2014 arbeiten rund 52.000 Mitarbeiter am Erfolg des Internetdienstleisters und Suchmaschinengiganten. Der Umsatz des Unternehmens betrug im Jahr 2013 etwa 59,8 Milliarden US-Dollar bei einem Gewinn von circa 12,9 Milliarden US-Dollar.

Wussten Sie, dass der Wert einer Marke in der digitalen Welt von den gelebten Beziehungen zu jedem einzelnen Kunden abhängig ist? Nicht umsonst sind Unternehmen wie Google, Microsoft, Apple, Amazon und Facebook so erfolgreich – obwohl es sie zum Teil vor 25 Jahren noch nicht gegeben hat. Entscheidend für die Unternehmenserfolge von morgen wird sein, ob Menschen, die sich mit Marketing, Clienting & Co. beschäftigen, in der Lage sind, einzigartige und glaubwürdig gelebte Beziehungen zu ihren Kunden aufzu-

Der Wert einer Marke ist abhängig von den gelebten Beziehungen zu den Kunden.

bauen, vernetzt zu denken und flexible Strukturen zu schaffen. Die klassischen Unternehmen der Industriewelt tun sich damit nach wie vor schwer. Meine Empfehlung: Machen Sie sich jetzt auf den Weg!

Auf den Punkt

- Das klassische Marketing ist überholt. Es ist Zeit umzudenken.
- Die digitale Welt erfordert Schnelligkeit und Flexibilität im Marketing.
- Von außen nach innen: Gehen Sie dorthin, wo Ihre Kunden sind, und hören Sie ihnen zu. Danach entwickeln Sie die richtigen Produkte für sie.
- Vergessen Sie Flyer, Broschüren & Co. Gehen Sie online und nutzen Sie die Macht der viralen Verbreitung von Botschaften.
- Internet ist Chefsache!
- Clienting ersetzt Marketing und vernetzt Kundensicht, Marken und Produkte.
- Öffnen Sie Ihre Marketingabteilung und arbeiten Sie ab sofort in Strukturen, die Ihrer Kundenstrategie dienen.

3. Wie Verkauf künftig funktionieren wird

»No client, no company«, sagt der Amerikaner. Wo keine Kunden sind, gibt es kein Unternehmen. Zweifelsohne ist der Vertrieb für den Erfolg eines Unternehmens die zentrale Grundlage. Ausgefeilte Produkte, spannende Konzepte, geniale Innovationen – all das hat keinen Wert, wenn niemand davon weiß oder der Kunde das Angebot nicht annimmt. Bis heute sitzt der Vertrieb auf einem goldenen Sockel, Verkäufer werden auf Händen getragen. Und für Topverkäufer zahlen Unternehmen überirdische Boni, nach dem Motto »Hauptsache, der Verkauf läuft«.

Die Grundlage für den Erfolg eines Unternehmens ist der Vertrieb. Oder?

Doch ist diese Art zu wirtschaften noch zeitgemäß? Macht es unter Berücksichtigung all der Veränderungen in den Märkten und bei den Kunden Sinn, den Vertrieb weiter so zu gestalten, wie wir es aus den letzten Jahrzehnten kennen? Meine Antwort: Nein, es braucht Veränderung! Ich selbst habe meine berufliche Laufbahn als Verkäufer begonnen und weiß, wovon ich spreche. Ganz gleich, ob ich – wie damals – Stahl verkaufe oder heute als Verkäufer von Ideen unterwegs bin: Wenn die Märkte vor großen Umbrüchen stehen, verändern sich immer auch die Grundlagen für die Arbeit im Verkauf.

Wissen ist Macht

Noch vor zehn Jahren lag die Wissenshoheit bei den Verkäufern. Das ist jetzt anders. Der Kunde von heute ist manchmal besser über ein einzelnes Produkt informiert als der Verkäufer. Wenn ich mir früher im Reisebüro Empfehlungen für meinen nächsten Sommerurlaub geholt habe, dann habe ich diesem Rat vertraut – nicht immer mit Erfolg. Heute verlasse ich mich nicht mehr darauf, was die Mitarbeiter im Reisebüro sagen, sondern gehe auf Holidaycheck, eine Plattform, auf der Kunden Hotels bewerten, und lese dort nach, welche Erfahrungen andere Gäste in dem Hotel gemacht haben.

Bewertungen, Empfehlungen und Kritik im Internet beeinflussen die Kaufentscheidungen von Kunden.

Holidaycheck

Holidaycheck wurde 2003 gegründet und hat seinen Sitz im schweizerischen Bottighofen. Das Unternehmen betreibt das größte deutschsprachige Meinungsportal für Reise und Urlaub im Internet. Heute arbeiten 240 Mitarbeiter bei Holidaycheck und der Umsatz liegt bei rund 14 Millionen Euro. Seit 2006 ist Holidaycheck Teil der Hubert Burda Media Holding.

Wir alle kennen Geschichten, in denen das vermeintliche Traumparadies zum Ort des Grauens wurde, weil um das Hotel herum gerade drei Großbaustellen für Dauerlärm sorgten oder die Fotos der Räumlichkeiten im Katalog schon mindestens 40 Jahre alt waren und seitdem nicht mehr in die Einrichtung des Hotels investiert wurde. Gut, dass heute jeder die Möglichkeit hat, sich Informationen in Echtzeit aus dem Internet zu ziehen: Egal ob Empfehlung oder Kritik – jeder kann heute der ganzen Welt von seinen Erfahrungen berichten. Und es werden täglich mehr Kunden, die diese neuen Möglichkeiten auch nutzen. Gut so, denn der Gast eines Hotels kennt das Produkt wesentlich besser als der Verkäufer im Reisebüro, der noch nie in diesem Hotel Urlaub gemacht hat.

Auch für andere Branchen gilt: Der Verkäufer muss eine ganze Palette an Produkten kennen. Selbst wenn er wollte, könnte er mit seinem Wissen nicht so topaktuell und reflektiert sein wie der Kunde, der das Produkt selbst nutzt. Ich habe mir für die Zukunft vorgenommen, kein Produkt und keine Lösung mehr zu kaufen, ohne vorher systematisch nach Kundenempfehlungen recherchiert zu haben.

Der Kunde als Verkäufer

Amazon

Der US-amerikanische Onlineversandhändler Amazon wurde 1994 von Jeff Bezos mitgegründet und bietet Kunden in aller Welt heute eine große Produktpalette. Damals als Onlineplattform für den Vertrieb von Büchern gestartet, betrachtet sich Amazon heute als Marktführer des Internethandels mit der weltweit größten Auswahl an Büchern, CDs und Videos. Das Unternehmen beschäftigte 2013 rund 117.300 Mitarbeiter und machte einen Umsatz von etwa 74,4 Milliarden US-Dollar.

Kunden sind heute mächtiger denn je – und sie nutzen ihre Macht. Wenn sie unzufrieden sind, verhindern sie den Absatz von Produkten; wenn sie begeistert sind, werden sie zu aktiven Empfehlungsgebern. Das kann dem Verkauf neue Impulse geben. Wer mit seinem Angebot begeistert, hat die Möglichkeit, seine Kunden zu einer neuen Form von Verkäufern zu entwickeln: Multiplizieren Sie Begeisterung mit den neuen Möglichkeiten des Internets, machen Sie Ihre Kunden zu den besten Verkäufern des Unternehmens. Wenn es Ihnen gelingt, ein Produkt viral über das Internet zu pushen, haben Sie im Zweifelsfall eine Topvertriebsmannschaft zum Nulltarif akquiriert.

Das Internet macht Kunden von Empfehlungsgebern zu aktiven Verkäufern.

Die digitale Welt wirft eine spannende Frage auf, über die heiß diskutiert wird: Brauchen wir in der Zukunft überhaupt noch Verkäufer? Meine deutliche Antwort lautet: Ja, gerade in der zukünftigen Welt brauchen wir Verkäufer. Vor allem Frau-

Erst 4 Prozent der Unternehmen, die online verkaufen könnten, haben einen Onlineshop.

en werden gute Chancen haben im Vertrieb, denn sie werden ihre weibliche Intuition in der neuen Welt definitiv als Stärke einsetzen können. Absolut notwendig wird auch sein, dass moderne Verkäufer die Spielregeln des Internets verstehen und beherrschen. Denn dort könnte der größte Wettbewerber längst warten oder sogar schon erfolgreich tätig sein. Denken Sie nur an Branchen wie den Buchhandel, dessen Geschäftsmodell durch Amazon revolutioniert worden ist.

Für mich ist es absolut überraschend, dass erst 4 Prozent der Unternehmen, die einen Onlineshop haben könnten, ihre Produkte und Lösungen tatsächlich im Internet anbieten. Die restlichen 96 Prozent verkaufen nur offline. Schlimmer noch: Ein Drittel der deutschen Unternehmen hat noch gar keine Homepage! Die Erkenntnis, dass das Internet eine echte Verkaufschance ist, hat noch längst nicht alle erreicht. Das zeigen auch viele der existierenden Webseiten. Sie sehen zwar schön aus, aber es passiert nichts. Warum? Weil sie aus dem Besucher keinen Kontakt machen, wie zum Beispiel durch ein kostenloses E-Book, das Interessierte anfordern können.

Die klassischen Internetpioniere haben scheinbar schneller begriffen, dass man Vertriebsstrategien auch umdrehen kann. So gibt es immer mehr Onlinehändler, die stationäre Shops eröffnen – eine Strategie, die »hybrides Verkaufen« genannt wird. Also Geschäftsmodelle, die sowohl den Onlinehandel als auch das Offlinegeschäft beherrschen. Auch hier ist Amazon ganz vorn mit dabei: Das Unternehmen hat in den USA bereits die ersten Shops eröffnet. Auch Mymuesli hat in einigen Großstädten eigene Shops, und auch die Nespresso-Kapseln kann man längst in mehreren deutschen Großstädten in Nespresso-Boutiquen kaufen. Extrem erfolgreich mit seinen eigenen Stores ist auch Apple – der Gigant der Wirtschaftswelt.

Nespresso

Die Marke Nespresso steht für ein Kaffeesystem des Lebensmittelkonzerns Nestlé. Der Kaffee wird in Aluminiumkapseln portioniert, die nur in spezielle Kaffee- und Espressomaschinen passen. Die Kaffeemaschinen verkauft der Fachhandel, die Kapseln wurden lange Zeit nur von Nespresso direkt online vertrieben. Heute gibt es weltweit bereits über 200 Nespresso-Boutiquen, elf davon in Deutschland.

Neue Denkweisen für den Verkauf von morgen

Bisher funktionierte Vertrieb so: Der Verkäufer sieht den Kunden aus seiner eigenen Sicht und somit durch die eigene Wahrnehmungsbrille. Meine Erfahrung im Verkauf hat mir gezeigt, dass es zunächst so scheint, als wäre das der einfachere Weg: Man muss sich nicht in die Gedankenwelt des Kunden hineinversetzen und präsentiert einfach Schritt für Schritt sein Produkt – getrieben von der Hoffnung, dass der Kunde alles versteht und es am Ende kaufen wird. Klappt das nicht, werden bestens geschulte Verkaufstechniken eingesetzt und die Abschlussmethode inklusive der Einwandbehandlung perfektioniert.

Verstehen Sie mich nicht falsch. Ich möchte hier keinem Verkäufer auf die Füße treten, doch diese Vorgehensweise habe ich in meinen Verkaufscoachings on the job Hunderte Male erlebt. Der Verkäufer bleibt in seiner Welt, weil er sich dort nicht auf den Kunden einstellen muss. In der Welt des Kunden könnte er mit Reaktionen konfrontiert werden, auf die er vielleicht keine Antwort hat. Im schlimmsten Fall ließe ihn die Antwort auf die Kundenanfrage selbst am Produkt zweifeln und er hätte am Ende Probleme damit, dem Kunden das Produkt reinen Herzens anzubieten. Was dann kommt, ist die selbsterfüllende Prophezeiung: »Habe ich es doch gewusst, der Kunde denkt genau so wie ich!« Die Verkaufszahlen brechen ein, die Erfolge bleiben aus. Verkäufer, die nicht umdenken, werden das in Zukunft häufiger erleben.

Meine Idee von Verkauf ist eine andere. Eine, bei der wir uns gedanklich auf die andere Seite stellen. Wir verkaufen zuerst einmal gar nichts, sondern steigen in die Gedankenwelt des Kunden ein. Wer heute Verkaufserfolge feiert, verkauft keine Produkte mehr, sondern Lösungen. Abschlüsse zu machen funktioniert nur, wenn die Lösung dem Kunden individuell weiterhilft. Und damit sie dem Kunden weiterhilft, müssen Sie im ersten Schritt die Situation des Kunden analysieren und verstehen, damit Sie ihn dort abholen können, wo er gerade steht.

Was zählt, ist die persönliche Ebene des Kunden.

Diese Differenzierung ist ein kleines, aber extrem wichtiges Detail. Erfolgreiche Verkäufer argumentieren immer auf zwei Ebenen. Die erste Ebene ist der konkrete Bedarf des Kunden, also der Grund, warum er seine Anfrage an Sie gestellt hat. Das ist die Basis. Die zweite Ebene ist die Kür – und erheblich wichtiger als der konkrete Bedarf, auch wenn das zunächst einmal seltsam klingt: Es ist die persönliche Ebene des Menschen, der die Kaufentscheidung zu verantworten hat. Vor allem in B2B-Geschäften stellt sich die Frage, welche Folgen es hat, wenn der Interessent sich für die Lösung entscheidet, die Sie ihm anbieten. Welches Risiko geht er damit für sich selbst ein? Gefährdet er damit eventuell seinen Job? Hilft ihm diese Entscheidung womöglich dabei, auf der Karriereleiter weiter nach oben zu kommen? Was bedeutet diese Entscheidung im Umgang mit seinen Kollegen oder eventuell sogar Wettbewerbern um die Gunst des Chefs im eigenen Unternehmen? Je weitreichender die Kaufentscheidung ist, desto mehr wird es ein Schlüsselfaktor für Sie sein, ob Sie diese persönliche Ebene beim Kunden verstehen und ansprechen oder nicht.

Die Einzigartigkeit siegt

Es gibt in meiner Branche Kollegen, die davon überzeugt sind, dass Kunden nur von Siegern kaufen. Daran habe ich so meine Zweifel.

Viel wichtiger ist doch, dass der Kunde das Gefühl hat, selbst mit dem Kauf zu siegen und auf der sicheren Seite für seine persönliche Situation zu sein. Das macht den Unterschied zwischen Verkauf und erfolgreichem Verkauf aus. Wenn ich meine persönlichen Verkaufserfolge analysiere, ging es fast ausschließlich um die persönliche Ebene. Im Laufe der Zeit habe ich diese persönliche Ebene noch weiter präzisieren können: Ich habe überwiegend mit zwei Entscheidertypen zu tun.

Der erste Typ ist der Herausforderer. Das sind Entscheider, die etwas Überproportionales erreichen und neue Wege gehen wollen. Sie haben einen inneren Antrieb und wissen intuitiv, dass sie ihren Weg genau so gehen müssen. Herausforderer wollen ganz bewusst der Erste sein und einige möchten sich damit auch ein Denkmal bauen.

Kunden brauchen das Gefühl, mit dem Kauf einer Lösung einen guten Zug gemacht zu haben.

Wenn Sie es sich leicht machen wollen, dann arbeiten Sie mit vielen erfolgreichen Entscheidern und Unternehmen zusammen. Denn die wollen die Wirtschaft bewegen und Innovationen für Kunden schaffen. Sie haben zwar den gleichen Kunden vor sich wie alle anderen auch, und doch behandeln sie ihn komplett anders. Denken Sie an Steve Jobs. Viele Unternehmen haben den gleichen Markt vor sich und bewegen sich doch ganz anders darin. Starbucks und Nespresso verkaufen beide Kaffee, doch die Art und Weise, wie sie es tun, unterscheidet sich stark. Bei Starbucks muss der Kunde zum Kaffee gehen, dafür wird ihm sein Kaffee zubereitet. Nespresso liefert den Kaffee nach Hause und der Kunde wird selbst zum Barista.

Starbucks

Die weltweit tätige Starbucks Corporation wurde 1971 in Seattle, USA, gegründet und ist ein auf Kaffeeprodukte spezialisiertes Einzelhandelsunternehmen. Der Vertrieb der Kaffeeprodukte erfolgt über die konzerneigenen und lizenzierten Kaffeehäuser weltweit. 2013 hatte das Unternehmen 160.000 Mitarbeiter und machte einen Umsatz von rund 14,9 Milliarden US-Dollar.

Die zweite Gruppe der Entscheider hat auf den ersten Blick ein ganz anderes Motiv. Sie sind die Verteidiger und stehen oft mit dem Rücken zur Wand. Sie suchen den Sofortumsatz – eine Geschäftsidee, mit der sich schnell und erkennbar bessere Ergebnisse erzielen lassen. Sie befinden sich in einer Situation, in der es noch nicht zu spät, aber doch fünf Minuten vor zwölf ist. Eine Situation, in der es zwingend erforderlich ist, neue Wege zu gehen.

Entscheider kaufen keine Produkte. Sie kaufen neue Wege.

Spannend ist, dass Herausforderer und Verteidiger, obwohl sie am jeweils anderen Ende der Skala stehen, im Grunde das gleiche Motiv haben. Sie müssen oder wollen neue Wege gehen.

Dieses Beispiel zeigt, dass wir im Verkauf ein anderes Grundprinzip brauchen: verkaufen mit den Augen des Kunden. Und damit meine ich nicht, die Frage zu klären, wie Sie am besten verkaufen können, sondern warum Kunden gerne kaufen wollen. Der Kunde von heute will, dass man ihn nicht nur versteht. Er will, dass man sich mit ihm auseinandersetzt. Abgedroschene Verkaufsfloskeln sind out. Einzigartigkeit ist gefragt.

Diese Einzigartigkeit eröffnet völlig neue Möglichkeiten im direkten Vertrieb. Es geht darum, die Beziehung zwischen Verkäufer und Kunden in die neue Welt zu transformieren. Worauf ich hinauswill: Hören Sie Ihren Kunden sehr gut zu! Denn genau das ist die große Chance des klassischen Vertriebs und der wichtigste Grund, warum Verkäufer auch in Zukunft nicht ersetzbar sein werden. Empfehlungen sind eine tolle Sache. Dabei kann die Technik helfen. Aber echte Dialoge von Mensch zu Mensch kann sie nicht ersetzen.

Menschen können zuhören, digitale Technik nicht. Das ist der wichtigste Grund, warum Verkäufer in Zukunft nicht ersetzbar sein werden.

Der Mensch im Mittelpunkt

Meine Idee von Verkauf legt den Fokus auf den Käufer. Der Kunde ist und bleibt ein Mensch mit all seinen Träumen, Schwächen, Ängsten und Motiven. Verkäufer müssen den Kunden als Mensch in den Mittelpunkt stellen und wertschätzend mit ihm umgehen. Das bezeichne ich als »Dialog-Selling«: Führen Sie Ihre Kundengespräche, wie Sie auch Ihre privaten Gespräche führen würden. Gespräche unter Freunden leben vom Dialog. Sie erfahren, was Ihr Gegenüber denkt, und sprechen offen miteinander. Solche Verkaufsdialoge glänzen durch eine neue Form von Natürlichkeit.

Ein Verkäufer ist heute nicht mehr gezwungen, eine möglichst perfekte Präsentation abzuliefern. Es geht auch nicht darum, in möglichst kurzer Zeit viele Vorteile und Nutzenargumente aufzuzählen und zu hoffen, dass eines davon das Feuer im Kunden entfacht. Ziel ist eine grundlegend neue Form der kundenzentrierten Gesprächsführung: Der Kunde führt unbewusst das Gespräch, der Verkäufer reagiert nur auf die richtigen Impulse. Dabei ist es gut zu wissen, dass die Kaufimpulse oft erst im letzten Drittel eines Gesprächs kommen. Nämlich dann, wenn beide Gesprächspartner merken, dass sie sich sympathisch sind und eine vertrauensvolle Ebene entstanden ist. Erst in dieser Phase entsteht eine echte Beziehung zum Kunden, bei der sich der Kunde mit seinen ganz eigenen Gedanken verstanden fühlt. Solche Kundenbeziehungen sind wertvoll und von Dauer geprägt.

Gute Beziehungen als Schlüssel zum Erfolg

Der neue Verkäufer ist ein Beziehungsmanager. Gelebte, dauerhafte Beziehungen sind – davon bin ich überzeugt – die Grundlage von dauerhaftem Geschäftserfolg. Wichtig ist, dass diese Beziehungen gelebt werden, echt und authentisch sind. Denn sie leben von Kontakt, persönlicher Sympathie und gegenseitigem Vertrauen. Im besten Fall sind Sie der Erste, der gefragt wird, wenn der Kunde einen neuen Bedarf hat, und der Letzte, der gefragt wird, bevor der Auftrag an andere vergeben wird – vorausgesetzt, Preis und Qualität stimmen. Beziehungsmanager haben durch die intimen Kenntnisse über ihre Kunden einen deutlichen Wettbewerbsvorteil. Denn der Kunde weiß, dass Sie derjenige sind, der auf andere Lösungen kommt, der ihn persönlich anspricht und zu dem er Vertrauen haben kann.

Verkäufer sind Beziehungsmanager. Wer das versteht, braucht nicht mehr zu verkaufen, weil der Kunde alleine den Weg zu ihm findet.

Ob Hard-Selling, Soft-Selling, Love-Selling oder Dialog-Selling – nennen Sie es, wie Sie wollen. Entscheidend ist der Turnaround im Kopf. Die Grundidee des perfekten Verkaufens ist sehr einfach. Sie müssen gar nicht verkaufen, wenn der Kunde von alleine den Weg zu Ihnen findet. Das hört sich im ersten Moment unmöglich an, ist aber eine der Grundideen des Clienting-Konzepts: Sog statt Druck. Wem es gelingt, neue Wege jenseits des klassischen Vertriebs zu gehen, macht seine Kunden automatisch zu begeisterten Verkäufern.

- Bieten Sie Ihren Kunden an, Ihre Lösungen zu bewerten.

- Stellen Sie Optionen zur Verfügung, damit Ihre Kunden Ihr Angebot in Social-Media-Kanälen posten können.

- Fragen Sie erfolgreiche Verkäufer.

- Reflektieren Sie Ihre eigenen Erfahrungen.

Sie werden feststellen, dass es die guten Beziehungen und die Empfehlungen Ihrer Kunden sind, die den Unterschied im Verkauf machen.

Auf den Punkt

- No client, no company. Ohne Verkaufsleistung kein Unternehmen.

- Gestern haben Ihre Kunden den Nachbarn erzählt, wie gut oder schlecht Ihre Produkte sind – heute erzählen sie es der ganzen Welt.

- Zufriedene Kunden werden zu digitalen Verkäufern.

- Entscheider wollen keine Produkte, Entscheider brauchen neue Wege.

- Einwandbehandlung und Verkaufstechniken sind out. Was zählt, ist die persönliche Ebene.

- Moderne Verkäufer sind Zuhörer und Beziehungsmanager.

- Sog statt Druck: Das ist eine der Grundideen des Clienting-Konzepts.

4. Clienting – die sieben Schlüssel zur Einzigartigkeit

Neulich in Hongkong sprach mich ein Amerikaner an und wollte wissen, was ich beruflich mache.

Ich: »Clienting.«

Da er mich mit Fragezeichen in den Augen ansah, erklärte ich es ihm: »Es ist ganz einfach. Sie kennen sicher Marketing?«

Er: »Ja, klar.«

Ich: »Okay. Bei Marketing versuchen Sie ja, den Kunden zu finden, nicht?«

Er: »Stimmt.«

Ich: »Beim Clienting ist es genau umgekehrt. Da findet der Kunde Sie.«

Der Amerikaner dachte kurz nach und meinte dann: »Hmm, das macht Sinn.«

Schon Ende der 1980er-Jahre hatte ich verstanden: Marketing und Vertrieb funktionieren nicht mehr – und in Zukunft erst recht nicht. Es musste neben Marketing und Vertrieb eine dritte Dimension geben, um den Umbrüchen in der Wirtschaftswelt etwas entgegenzusetzen. Früher war der Kirchturm die Grenze der Märkte. Heute gibt es keine Grenzen mehr. Jeder x-beliebige Kunde kann der ganzen Welt erzählen, was er von Produkten, Marken und Unternehmen hält. Standorte verlieren an Bedeutung, denn alles ist jederzeit im Internet verfügbar. Die Kunden sind es gewohnt, auf Abruf zu bekommen, was sie sich wünschen – ganz gleich ob Wissen, Mobilität, Bücher, Müsli oder Unterhaltungselektronik. In einer solchen Welt zählen Schnelligkeit und Flexibilität. Starre Marketingabteilungen und Verkäufer, die ihre Produktinformationen herunterbeten, ohne auf den Kunden einzugehen, gehören der Vergangenheit an. Wer es versäumt, online zu gehen, den wird es in Zukunft nicht mehr geben. Wie Puzzleteile fügten sich all diese Informationen in meinem Kopf zusammen. Das war die Geburtsstunde des Clienting-Konzepts.

Der serviceanspruchsvolle Kunde

Clienting kommt von »Client«. Der deutsche Begriff heißt »Klient« und meint den serviceanspruchsvollen Kunden. Nicht irgendeinen Verbraucher, nicht Menschen, die einfach nur konsumieren wollen. Denn von solchen Kunden wird es in Zukunft immer weniger geben. Ich erkannte schnell, dass in dem Clienting-Konzept noch mehr steckte, als ich zu Anfang erkannt hatte, und war begeistert, eine Lösung zu haben, die mehrere Kriterien gleichzeitig erfüllt.

Einerseits ist Clienting eine Lösung, die den einzelnen Menschen in den Mittelpunkt stellt und nicht den Markt. Viele meiner Grundkonzepte von damals können heute erst umgesetzt werden. Jetzt gibt es Technologien und Roboter, die in der Lage sind, individuell zu produzieren. Ich mag der Zeit damals voraus gewesen sein, dafür ist das Clienting-Konzept heute umso tragfähiger. Die Wirtschaft entdeckt gerade das Individuum, die Wünsche des Einzelnen, und hat jetzt die Chance, mit neuen Lösungen und Konzepten Sog statt Druck zu erzeugen. Stellen Sie sich Kundenbeziehungen vor, in denen der Kunde von allein wiederkommt und sich für den Wettbewerb gar nicht mehr interessiert, weil er von Ihnen Einzigartigkeit bekommt. Etwas, was nur Sie bieten können – ob als Service, Produkt oder Lösung mit einem einzigartigen Nutzen.

Clienting stellt den einzelnen Menschen in den Mittelpunkt. Nicht den Markt.

Clienting verändert Ihren Fokus. Die Idee ist, nicht den Verkauf zu steigern, sondern den Kundenerfolg. Alles andere ist zu einseitig und zu sehr nur auf die Erfolge des Unternehmens ausgerichtet. Wenn Sie den Erfolg Ihrer Kunden steigern, dann steigern Sie automatisch auch den Erfolg des eigenen Unternehmens. Im Grunde genommen könnte man sagen, dass Clienting auf Selbstlosigkeit basiert. Selbstverständlich ist das Konzept erfolgsorientiert. Doch stehen hier nicht Ihre Produkte auf dem roten Teppich, sondern die Kunden. Der Mensch ist im Mittelpunkt. Clienting hat auch den Anspruch, dass mehr bleibt, wenn Sie gehen. Es ist meine Überzeugung, dass jedes Unternehmen die Aufgabe hat, im Sinne der Gemeinschaft zu handeln. In einer sozial-medialen Welt, die mehr und mehr durch Vernetzung und Offenheit geprägt ist, liegt nichts näher, als Fairness, Vertrauen, Zuverlässigkeit, Verlässlichkeit und insbesondere Partnerschaft ins Zentrum des Handelns zu rücken. Eine Grundidee, die keinesfalls naiv ist, sondern absolut zeitgemäß. Ich selbst habe ein Unternehmen nach diesen Kriterien mit aufgebaut und an die Börse gebracht. Unser Anspruch war: Ihr Erfolg ist unsere Mission. Das Ergebnis: Wir sind Marktführer geworden.

> **Nicht den Verkauf steigern, sondern den Kundenerfolg. Damit steigert sich automatisch der Erfolg Ihres Unternehmens.**

Beziehung ist alles

Clienting wird in Wikipedia als »Beziehungslehre« beschrieben. Und tatsächlich sind glaubwürdig gelebte Beziehungen zu Kunden eine weitere Säule des Clienting-Konzepts. Die Partnerschaft steht im Vordergrund und Beziehungen müssen gelebt werden. Essenziell für Beziehungen ist das Geben und Nehmen. Und denken Sie immer daran: Wer viel gibt, bekommt viel zurück …

> **Gute Beziehungen basieren auf Geben und Nehmen.**

Jetzt könnte sehr schnell die Frage aufkommen, ob es nicht einen grundsätzlichen Widerspruch innerhalb des Clienting-Konzepts gibt. Auf der einen Seite steht der individuelle Kunde im Zentrum und auf der anderen Seite die Beziehung. Doch was auf den ersten Blick wie ein Widerspruch aussieht, spiegelt im Grunde uns Menschen wider: Wir sind einerseits individuell und einzigartig, andererseits brauchen wir Gemeinschaft. Diese Polarität ist in unserem Stammhirn verankert. Deswegen antworte ich auf die Frage, welcher Faktor denn nun wichtiger sei, gerne: Sowohl als auch.

Lassen Sie mich Ihnen die sieben Schlüssel des Clienting in die Hand drücken, die Ihnen die Türen auf Ihrem Weg zur Einzigartigkeit öffnen.

1. Partner statt Kunde

Ob Sie zuerst an den Verkauf oder zuerst an den Menschen denken, ist ein großer Unterschied. Beim Verkauf richten Sie Ihren Blick auf das Produkt. Wenn Sie zuerst den Menschen anschauen, dann fragen Sie sich, was er braucht, und orientieren sich an seinen Bedürfnissen.

Betrachten Sie Ihre Kunden nicht isoliert, sondern öffnen Sie sich für die Menschen mit all ihren Meinungen, Ideen und Kritiken. Dann haben nicht nur Sie einen guten Partner an der Seite, sondern auch Ihre Kunden.

2. Individualität statt Masse

Heute geht es nicht mehr darum, ein bestimmtes Produkt in großer Stückzahl auf den Markt zu werfen und mit aufwendigen Marketingbudgets so lange zu trommeln, bis genügend viele Leute es gekauft haben. Clienting stellt den Menschen in den Mittelpunkt. Es geht darum, Produkte und Lösungen zu individualisieren und jedem Kunden etwas zu bieten, das ihn erfolgreicher macht oder seine individuellen Wünsche erfüllt.

3. Marktplätze statt Vertriebswege

Ob Ihre Lösungen und Produkte an vielen Orten zur Verfügung stehen, wird in Zukunft immer mehr an Bedeutung verlieren. Wichtig ist, dass Sie mit Ihrem Angebot auf dem Marktplatz Internet präsent sind und tragfähige digitale Kundennetzwerke aufbauen. Der Erfolg kommt dann von selbst – vorausgesetzt, Qualität und Service stimmen.

4. Beziehungen statt Verkaufstechniken

Endlospräsentationen von Nutzenargumenten, Einwandbehandlung und Verkaufstechniken waren gestern. Heute steht die Beziehung zu Ihren Kunden im Vordergrund, Dialoge statt Monologe. Zuhören, Vertrauen aufbauen und individuelle Lösungen schaffen. Steigern Sie mit Ihrem Angebot den Erfolg oder das Wohlgefühl Ihrer Kunden. Denn so entstehen dauerhafte Kundenbeziehungen – eine Win-win-Situation.

5. Verblüffung statt Zufriedenheit

Kundenorientierung, Qualität und Service sind die Grundlagen für gute Geschäfte. Doch wollen Sie nur zufriedene Kunden? Oder wollen Sie verblüffte Gesichter sehen, wenn Sie Ihren Kunden die neuesten Lösungen präsentieren? Zufriedenheit ist schön, Verblüffung ist besser. Wenn Sie eine Lösung anbieten, die Ihr Kunde nicht für möglich gehalten hätte und die dazu einen hohen Nutzwert hat, machen Sie ihn dauerhaft neugierig. Das erzeugt Sog statt Druck. Kundenzufriedenheit ist der Grundkurs, mehr nicht. Kundenbegeisterung ist der nächste Schritt und schon viel besser. Kundenverblüffung ist der Königsweg.

6. Fähigkeiten statt Produkte

Dies ist der entscheidende Wettbewerbsvorteil der Zukunft. Ich bin überzeugt: Kein Unternehmen wird künftig durch Produktdenken oder Problemlösungsdenken den größten Erfolg haben. Produkte, die so viele Features haben, dass sie keiner mehr bedienen kann, wird niemand haben wollen. Kunden wollen etwas Einzigartiges. Etwas, das es vorher noch nicht gegeben hat. Etwas, das ihnen einen echten Vorteil verschafft.

Die Schlüsselfrage für Ihr Unternehmen lautet: Wie spannend sind Sie für Ihre Kunden? Eine Fähigkeit ist das Know-how, etwas überragend besser zu können als jeder andere. Ob es eine Serviceleistung oder eine innovative Produktidee ist, spielt dabei keine Rolle. Entscheidend ist, dass der Kunde Ihr Angebot als einzigartig empfindet.

7. Helfen statt dienen

Tolle Produkte und einwandfreien Service liefern, das ist gute Dienstleistung. Doch Kunden zu dienen, reicht bald nicht mehr aus. Der Name sagt es schon: Ein Diener stellt sich unter seinen Herrn. Was Kunden heute wollen, sind Beziehungen auf Augenhöhe. Keine Diener, sondern echte Helfer. Der Erfolg des Unternehmens von morgen ist deshalb eng an die Frage geknüpft: Inwiefern verhelfen wir unseren Kunden und Geschäftspartnern zum Erfolg?

Helfen ist ein Geschäftsmodell jenseits des Egoismus, das trotzdem Unternehmen zu neuen Wachstumshorizonten führt. Die wichtigste Eigenschaft aller Mitarbeiter ist die Fähigkeit, dem Kunden mit Überzeugung und aus vollem Herzen zur Seite zu stehen. Die Mitarbeiter von morgen sind Erfolgsberater und vielleicht sogar Coaches Ihrer Kunden. Sie haben die Fähigkeit, dem Partner und Kunden besser zu helfen als jeder andere. Sie können heute sagen: Besser in einem Punkt wirklich helfen, als in zehn Punkten zu dienen. Das geht nur über die Einstellung der Mitarbeiter. Die Fähigkeit der Mitarbeiter, wirklich helfen zu wollen, wird damit zur strategischen Chance im Umgang mit der neuen Wirtschaftselite.

Der kürzeste Vortrag aller Zeiten

Ich hatte schon oft als Redner auf einer Bühne gestanden. Doch an diesem Tag – es war in der Zeit, als ich die ersten Vorträge über das Clienting-Konzept hielt – hatte ich ein Erlebnis der dritten Art. Ich begann mit den Worten: »Kundenzufriedenheit geht vor Profit.« Und da passierte etwas, worauf ich überhaupt nicht vorbereitet war. Der Vorstandsvorsitzende stand auf und bat mich, kurz mit ihm den Raum zu verlassen. Draußen angekommen, sagte er sehr höflich, dass diese Aussage nicht abgestimmt gewesen sei und überhaupt nicht den Prinzipien dieser Bank entspreche. Damit war ich raus und hatte meinen bis heute kürzesten Vortrag gehalten. Zu meinem Trost gibt es diese Bank inzwischen nicht mehr. Allerdings machte mir dieses Erlebnis sehr deutlich, wie wichtig es war, neben Marketing und Vertrieb eine dritte Dimension einzubauen. Kundenzufriedenheit war damals und ist auch heute noch ein weicher Faktor. Und dass genau diese weichen Faktoren wichtiger sind als harte – das ist der zahlengesteuerten Welt selbst heute noch schwer zu vermitteln.

Der Siegeszug der weichen Faktoren

Wenn ich mir nicht so sicher gewesen wäre, dass die weichen Faktoren die eigentlichen Stars des Erfolgs sind, hätte ich wahrscheinlich aufgegeben. Denn in den Anfängen der Clienting-Zeit hagelte es Kritik. Ich bekam keine Einladungen mehr. Wie konnte ich es wagen, das etablierte Marketing infrage zu stellen und etwas »Besseres« zu entwickeln? Obwohl die Presse bis dahin bereits Hunderte Male über mei-

Weiche Faktoren sind entscheidender als harte Faktoren.

ne Arbeit berichtet hatte, mied sie mich plötzlich. Ich bekam die Empfehlung, mein Konzept »Relationship-Marketing« zu nennen.

Einer der Gründer von Sony soll gesagt haben: »Folge niemals der Idee eines anderen.« Das hört sich toll an, doch wenn man selbst ein Pionier ist, weiß man erst, was das bedeutet. Ich persönlich habe meine Konsequenzen gezogen: Ich bin aus dem Klub der führenden Verkaufs- und Marketingexperten ausgetreten und meinen Clienting-Weg weitergegangen. Die Kritik nahm ich zum Anlass, mein Konzept weiterzuentwickeln. Damit war ich bestens vorbereitet, als plötzlich das Thema Kundenorientierung zum wichtigsten Thema der Wirtschaft wurde. Die Zufriedenheit des Kunden stand auf einmal im Rampenlicht. Wer guten Service lieferte, wurde Marktführer. Erste Studien wiesen nach, dass die Erhöhung der Kundenzufriedenheit auch den Profit erhöht. Ja, der weiche Faktor Kunde steuert den harten Faktor Profit ...

Cordes & Graefe

Das Unternehmen Cordes & Graefe ist die Holding der GC-Gruppe, einem Fachgroßhändler für Haustechnik, der 1975 in Bremen gegründet wurde. Die GC-Gruppe hat nach eigenen Angaben europaweit 15.000 Mitarbeiter.

Zu Beginn der Clienting-Ära war es einfach, allein durch besseres Serviceverhalten zu trumpfen und den Wettbewerb zu überholen. So führte die Cordes-&-Graefe-Gruppe, heute einer der mächtigsten Heizungs- und Sanitärhändler der Bundesrepublik, regelmäßig mit einer eigens geschaffenen Akademie Schulungen für Heizungsbauer durch, um ihnen Führungs- und Verkaufswissen zu vermitteln. Das hatte vorher keiner gemacht. Endlich nahm sich jemand der wirklichen Probleme der Kunden an. Bevor der Service Einzug hielt, konnte ich auf der Bühne immer spaßend sagen: »Deutschland ist keine Service-

Wer heute nicht versteht, worauf es ankommt, muss sich auf digitale Shitstorms gefasst machen.

wüste, Deutschland ist ein Servicewunderland. Denn bis auf Schläge lassen sich deutsche Kunden alles gefallen.« Wer heute noch nicht verstanden hat, dass alles, was man aussendet, auch zurückkommt, muss sich auf digitale Shitstorms gefasst machen. Das ist die Realität. Umgekehrt wird ein Kunde zum besten Verkäufer, wenn er zufrieden ist mit Service und Leistung.

Althoff Hotels

Die Hotelgruppe Althoff ist ein deutsches Unternehmen mit Sitz in Köln, das 15 Hotels in Deutschland, der Schweiz, Frankreich und England besitzt. Dazu gehören unter anderem sieben 5-Sterne-Hotels. Bekannt sind die Althoff-Hotels insbesondere für ihre Spitzengastronomie.

So wie die Gäste der Althoff-Hotelgruppe, zu denen auch ich gehöre. Denn wenn es um Service und Hotelkultur geht, fällt mir diese Hotelgruppe immer zuerst ein. Thomas H. Althoff leitet 15 Hotels auf höchstem Niveau. Ich kenne ihn persönlich und er ist für mich ein absoluter Ausnahmehotelier. Sein Lieblingssatz lautet: »Wir müssen für unsere Gäste jeden Tag ein Stück besser werden.« Jeden Tag besser werden? Geht das denn? Ja, das funktioniert! Ich habe Hotels erlebt, die er übernommen hat. Da diese Hotels auch vorher schon fünf Sterne hatten, müssten sie jetzt sechs haben, denn keines der Hotels ist wiederzuerkennen. Stattdessen spiegeln sie alle wider, was Althoff geschafft hat, nämlich den Service zur Herzenssache zu machen. Er selbst formuliert das so: »Wir müssen das, was wir machen, mit Herzblut tun. Nur dann spürt unser Gast den Unterschied.«

Der Mythos Apple und die digitale Servicewüste

Ja, es gibt sie, die Positivbeispiele. Und doch ist es wie verhext. Die Macht der digitalen Meinungen klopft an die Tür – als Chance und Bedrohung gleichermaßen, und trotzdem ist der Servicelevel in vielen Unternehmen, gemessen an den aktuellen Erwartungen der

Kunden, doch erschreckend niedrig. Denn Service, der vor zehn Jahren noch top war, gehört heute zu den Basics.

Dass das nicht mehr reicht, zeigt mein Erlebnis mit Apple. Ein Unternehmen, das den Ruf hat, das Thema Service ernst zu nehmen.

Service von Apple bei einer dringenden Supportanfrage: Den nächsten freien Termin gibt es in drei Wochen. Doch ist das wirklich so? Ich stand mitten im Apple Store und erzählte einem der Mitarbeiter, dass ich ein Problem mit einem Produkt hätte und schnell Hilfe bräuchte. Der nette Mitarbeiter wies mich freundlich darauf hin, dass es eine App gibt, mit der ich mir einen Termin geben lassen kann, damit das Problem in Ruhe gelöst wird. Also App downloaden und nachschauen, wann ich Hilfe bekomme. Das Ergebnis: Den nächsten freien Termin gibt es in drei Wochen! Da hört er auf zu glänzen, der oberflächliche Service der amerikanischen Art. So schnell verfliegt der Nimbus der Apple Stores. Dies ist meine persönliche Meinung. Sie mögen hier vielleicht anderer Meinung sein.

Und es gibt noch eine Apple-Geschichte. Damit ich Gedanken zu diesem Buch diktieren konnte, kaufte ich mir im Mac App Store eine Diktiersoftware für mein System. Der Preis war in Ordnung. Allerdings hatte ich nicht so genau hingeschaut, für welche Version des Systems sie gültig ist. Erst danach stellte ich fest, dass sie nur auf der vorletzten Version läuft. In diesem Fall hatte ich die Kundenkritiken zu spät gelesen. Schade, denn dort wäre ich fündig geworden.

Also ging ich online, um den Support zu kontaktieren. Auf Anhieb war keine Telefonnummer zu finden. Erst nach etlichen Klicks fand ich eine Seite, auf der ich meine Beschwerde formulieren und per Mail versenden konnte. Als ich endlich fertig war und die E-Mail versendet war, bekam ich die Auskunft: »Die Bearbeitung ist zurzeit nicht möglich. Bitte versuchen Sie es später wieder.« Das tat ich nach drei Stunden auch. Da ging dann gar nichts mehr. Der Rest ist ohne Worte.

Um fair zu bleiben, muss ich sagen, dass mir am nächsten Tag, als ich den Apple-Support erreichte, alles anstandslos zurückerstattet wurde. Dennoch erwarte ich von einem Weltklasseunternehmen wie Apple einen ganz anderen Service.

Zu wenig Mitarbeiter und technische Mängel an Kontakt- und Servicepunkten im Internet und der digitalen Welt sind heute die neuen Servicekiller. Der Kunde hat es leicht, denn er geht einfach zum nächsten Anbieter.

Der neue Servicekiller: zu wenig Mitarbeiter und technische Mängel an Kontaktpunkten im Internet.

All diese Gedanken und Beispiele verdeutlichen, dass es entscheidend ist, das Clienting-Konzept auf die heutige Zeit anzuwenden.

Auf den Punkt

- Marketing und Vertrieb reichen schon lange nicht mehr aus. Es ist höchste Zeit für eine dritte Dimension: das Clienting.

- Im Mittelpunkt des Business steht der Mensch, nicht das Produkt.

- Clienting basiert auf Individualität und Beziehung.

- Clienting steigert den Erfolg des Kunden – und dadurch auch Ihren.

- Die neuen Werte der Wirtschaft heißen Fairness, Vertrauen, Zuverlässigkeit.

- Der weiche Faktor Kundenzufriedenheit steuert den harten Faktor Profit.

- Die neuen Servicekiller: zu wenig Mitarbeiter und technische Mängel bei Kontaktpunkten im Internet. Was droht, ist der Shitstorm.

5.   Kundenstrategie des Nutzens

Es gibt Unternehmen, die einen täglichen Überlebenskampf führen – mit allen Auswirkungen auf die geschäftliche Entwicklung sowie die Gesundheit und das Privatleben aller Beteiligten.

Auf der anderen Seite gibt es die Spitzenreiter der Wirtschaft, die zum Teil sogar ganze Märkte beherrschen. Sie werden von ihren Kunden geliebt und geachtet, stehen besser da als 99 Prozent der Wettbewerber und haben motivierte und wertvolle Mitarbeiter. Sie ziehen regelmäßig neue gute Mitarbeiter an, was in der heutigen Zeit extrem wichtig ist. Ihre Kunden sind treu, die Geschäftsbeziehungen laufen auf einer hohen partnerschaftlichen Basis, die Gewinne sind überproportional hoch und ermöglichen dem Unternehmen sogar, einen Teil davon in soziale Projekte oder Mitarbeitertantiemen fließen zu lassen. Die Gewinner der Wirtschaft machen schlichtweg ihre eigene Konjunktur, selbst wenn die Märkte gerade in argen Turbulenzen stecken. Und genau das ist der entscheidende Hinweis.

> **Erfolgreiche Unternehmen machen ihre eigene Konjunktur.**

Wenn es möglich ist, dass Unternehmen ihre eigene Konjunktur machen, dann kann es nicht einzig und allein an der gesamtwirtschaftlichen Lage hängen, ob Unternehmen erfolgreich sind oder nicht. Worin besteht also die Grundlage für Erfolg? Ich bin davon überzeugt, dass die Strategie alles entscheidet.

Strategiekiller Tagesgeschäft

Operative Hektik sorgt in vielen Unternehmen dafür, dass die Mannschaft die Unternehmensstrategie aus den Augen verliert und im Tagesgeschäft versinkt. Jede Möglichkeit, Geschäfte zu machen, wird wahrgenommen, nur damit die Zahlen stimmen. Doch wer nur am operativen Ergebnis interessiert ist, kann langfristig keine klaren Ziele verfolgen. Gerade in schwierigen Situationen wird eine Strategie häufig als starr und unflexibel empfunden und gar nicht erst als Lösung in Betracht gezogen. Im täglichen Strudel der Erfordernisse bestätigt sich ohnehin jeden Tag wieder der Eindruck, dass nichts mehr planbar ist.

Unternehmen, die sich in so einer Situation befinden, haben entscheidende Grundregeln missachtet: das Prinzip der Nichtaustauschbarkeit und die Notwendigkeit, einzigartige Kundenkonzepte und -strategien zu entwickeln. Sie haben keine Alleinstellungsmerkmale im Vergleich zum Wettbewerb, der Preisdruck ist massiv und aus Sicht des Kunden sind Unternehmen und Produkte austauschbar. Ein Teufelskreis.

Unternehmensstrategie war gestern. Heute zählt die richtige Kundenstrategie.

Auf welcher Seite wollen Sie stehen: bei den Gewinnern oder bei den Unternehmen, die austauschbar sind? Die Antwort ist klar. Mein Tipp: Vergessen Sie Unternehmensstrategien und entwickeln Sie die passende Kundenstrategie. Es gibt dafür ein Konzept, das für jedes Geschäft anwendbar und dauerhaft erfolgreich ist. Dieses Konzept habe ich permanent weiterentwickelt und zur Clienting-Kundenstrategie ausgebaut. Wenn ich heute Bilanz ziehe, schaue ich auf viele erfolgreiche Projekte zurück, die ich alle dieser einen Strategie zu verdanken habe.

Schnell mag da die Frage aufkommen, warum nicht jeder diese Strategie bereits anwendet. Die Antwort ist einfach: Wer nicht glaubt, dass es leicht sein kann, fängt gar nicht erst an. Wer nicht weiß, dass es eine Strategie gibt, erhält keinen Impuls. Wer die Strategie kennt, sie aber nicht konsequent umsetzt, kommt nicht zum Ziel. Auch mir ist das einige Male passiert – und jedes Mal habe ich Lehrgeld zahlen müssen.

Strategieprozess für mehr Kundenerfolg

Lassen Sie uns also eine innovative Kundenstrategie entwickeln, mit der Sie Ihren eigenen Markt machen können. Zu Beginn Ihres Strategieprozesses empfehle ich Ihnen, sich ein oder zwei Tage Zeit zu nehmen – gemeinsam mit Mitarbeitern, Kunden und externen Experten. Das Ergebnis sollte immer eine schriftlich formulierte Strategie sein. Beachten Sie dabei, dass Ihr Konzept langfristig ausgerichtet ist. Damit ist mindestens ein Fünfjahreszeitraum gemeint. Die Erfahrung zeigt, dass es eine sogenannte 1.000-Tage-Regel gibt: Dieser Zeitraum ist in etwa nötig, um die neue Strategie in den Köpfen Ihrer Mitarbeiter und Kunden zu verankern. Meine Erfahrungen zeigen immer wieder: Erstens dauert alles länger, als man denkt, und zweitens läuft nichts von allein. Doch wenn Sie durchhalten, ist Ihnen der Erfolg gewiss. Das zeigt meine Erfahrung aus Hunderten Coachings.

Mitarbeiter, Kunden und externe Experten – das ist das Team für die Entwicklung Ihrer Strategie.

Ich bin davon überzeugt, dass die Clienting-Kundenstrategie eine Formel ist, mit der jedes Unternehmen seine Kunden glücklicher und erfolgreicher machen kann. Sie können den Kunden nicht neu erfinden, aber Sie können in seinem Kopf einen neuen Wert schaffen. Ganz gleich, wie lange Sie schon am Markt sind oder welche Größe Ihr Unternehmen hat.

Im Entwicklungsprozess der Clienting-Kundenstrategie haben mich verschiedene andere Strategieansätze begleitet, auf denen ich aufbauen konnte. Ganz vorn dabei ist die *engpasskonzentrierte Strategie,* die mich immer wieder inspiriert hat, neue Wege zu gehen.

Engpasskonzentrierte Strategie

Die engpasskonzentrierte Strategie (EKS) wurde von Wolfgang Mewes begründet, ist als Markenzeichen geschützt und wurde von 1971 bis 1989 als Fernlehrwerk herausgegeben. Die EKS zielt darauf ab, alle vorhandenen Kräfte zu bündeln und für den Nutzen der Zielgruppen des Unternehmens einzusetzen. Die eigene Gewinnoptimierung erfolgt über den Zielgruppennutzen.

Auch die *Blue-Ocean-Strategie* ist inspirierend. Sie ist bildlich zu verstehen und meint, dass Sie allein im großen Ozean der Marktmöglichkeiten schwimmen.

Blue-Ocean-Strategie

Der Begriff geht auf die Buchautoren W. Chan Kim und Renée Mauborgne zurück. Der Ozean steht für einen Markt oder Industriezweig. Ein Unternehmen schwimmt im »blauen Ozean«, wenn es keinerlei Wettbewerb hat, und im »roten Ozean«, wenn es auf einem Spielfeld agiert, wo es Wettbewerb gibt und sich die Wettbewerber wie in einem Haifischbecken gegenseitig zerfleischen. Die Blue-Ocean-Strategie zeigt, dass es möglich ist, sich nicht am Wettbewerb zu orientieren, sondern durch innovative Wege einen eigenen Markt zu kreieren, in dem Sie der einzige Spieler sind.

Während im ersten strategischen Ansatz das Schlüsselwort »Engpass« eine wichtige Rolle spielt, spricht man bei der Blue-Ocean-Strategie von einer sogenannten Nutzeninnovation. Bei beiden Strategien spielt die Größe des Unternehmens keine Rolle, wichtig ist nur der Grundgedanke »Besser der Erste im Dorf als irgendeiner in der Stadt«. Sie können auch der Erste sein, der etwas entdeckt hat und davon überzeugt ist, dass es für Kunden einen entscheidenden Vorteil bietet.

Besser der Erste im Dorf als irgendeiner in der Stadt.

So wie Steve Jobs, der zu Beginn der PC-Ära erkannte, dass es Menschen gibt, die einen Computer einfach nur nutzen wollen, statt ihn erst einmal studieren zu müssen. Einfachheit war seine zentrale Erkenntnis. Sie ist bis heute eine zentrale Konstante des Apple-Erfolgs und muss auch in Zukunft nicht geändert werden. Auch Nespresso erkannte einen klaren Trend: Die Menschen wollen zu Hause ihren eigenen Kaffee trinken. Das Apple-Beispiel macht deutlich, wie wichtig es sein kann, ein wesentliches Motiv seiner Kunden zu entschlüsseln. Die Nespresso-Story zeigt, wie man einen Trend für sich nutzen kann.

Der Kunde im Mittelpunkt

Bei den Strategien, die mich auf meinem Weg begleitet und inspiriert haben, fehlte mir immer etwas. Denn wenn ich eine Kundenstrategie in den Mittelpunkt meines Unternehmens stellen will, müssen zunächst grundlegende Fragen beantwortet werden.

1. Wollen Sie einen Markt decken oder wollen Sie einen Markt wecken? Beides wird möglich sein. Entscheidend ist, ob Sie in der Lage sein werden, die Grundregeln Ihrer Kundenwelt zu ändern.

2. Was ist zurzeit üblich in Ihrem Kundenmarkt und wie wollen Sie damit umgehen? Reihen Sie sich ein oder gehen Sie andere Wege?

In der Regel wird heute immer noch über Produktmärkte und den Verkauf von Produkten und Dienstleistungen gesprochen. Beides wird kontinuierlich verbessert und dem Kunden immer wieder angeboten. Als Ihr Produkt an den Start gegangen ist, war es neu und Ihr Unternehmen vielleicht das Erste, das es angeboten hat. Bis eines Tages immer mehr Wettbewerber auftauchten. Dann stagnierte der Markt – oder er schrumpfte sogar. Jetzt beginnt der Überlebenskampf im »roten Ozean«. Sie landen in einer Preisschlacht und verlieren den Kun-

Produkte kommen und gehen. Kunden bleiben.

den, weil Sie austauschbar geworden sind. Wenn Sie nun keinen speziellen Service oder ein anderes Add-on haben, das sich von den anderen am Markt signifikant unterscheidet, färbt der rote Ozean schnell auf die Unternehmenszahlen ab. Wann genau die rote Phase eintritt, können Sie nicht wissen – aber Sie wissen im Vorfeld, dass es diese Phase irgendwann geben wird. Ich nehme aktuell wahr, dass sich viele Unternehmen bereits heute in der roten Phase befinden. Noch läuft der Absatz in vielen Märkten wie geschmiert. Doch wenn die Märkte kleiner werden, dann geht es in die heiße Phase.

Die Clienting-Kundenstrategie hat einen grundsätzlich anderen Ansatz. Sie stellt den Kunden in den Mittelpunkt, nicht das Produkt. Produkte kommen und gehen, die Kunden bleiben. Die Grundsatzfrage ist: Worauf kann eine Strategie aufbauen, die dauerhaft gültig sein soll? Mit Sicherheit nicht auf den Produkten. Das zeigt auch die in den 1980er-Jahren insbesondere von Großkonzernen umgesetzte *Wettbewerbsstrategie* nach Michael Porter. Sie hat schnell ihren Wert verloren. Was nützt es, wenn sich die Wettbewerber gegenseitig beobachten und plötzlich jemand aus einer ganz anderen Welt auftaucht? Der Buchmarkt oder Kaufhausketten wie Karstadt waren schlichtweg nicht vorbereitet auf den Angriff der neuen Wettbewerber aus dem Internet.

Schritt 1: Kundengruppe identifizieren

Nehmen Sie ein Blatt Papier und zeichnen Sie ein Quadrat darauf. Verbinden Sie mit zwei Strichen jeweils die gegenüberliegenden Ecken, sodass Sie ein Kreuz und vier Dreiecke sehen. Schreiben Sie das Wort »Kunde« in das obere Dreieck. Denn der erste

Finden Sie heraus, wer Ihre Kunden sind und welche besonderen Interessen sie haben.

Schritt einer systematischen Kundenstrategie ist es, zu definieren, wer jetzt und in Zukunft Ihre Kunden sind, und herauszufinden, welche besonderen Interessen sie haben. Es geht dabei nicht darum, eine Zielgruppenbestimmung mit Alter, Einkommen und Familienstand vorzunehmen, sondern darum, was Ihre Kunden bewegt.

Der Unterschied zwischen einer Interessengruppe und einer Zielgruppe ist am Beispiel eines Fußballspiels schnell erklärt. Nehmen wir einmal Bayern München: Im Stadion finden Sie begeisterte Bayern-Fans, die aus allen sozialen Schichten kommen – vom Vorstandsvorsitzenden eines Konzerns bis zum Hartz-IV-Empfänger. Sie alle verbindet das *Interesse*, Bayern München siegen zu sehen.

Fragen Sie sich nun: Woran sind Ihre Kunden interessiert? Wie können Sie das auf den Punkt bringen? Wenn Sie nicht auf Anhieb Antworten finden, ist das nicht tragisch. Das liegt einfach daran, dass Sie sich bisher solche Fragen nicht gestellt haben. Nehmen Sie sich Zeit und setzen Sie sich intensiv mit Ihren Kunden und deren Interessen auseinander. Der einfachste Weg ist, Ihre Kunden einzuladen. Es reichen vier oder fünf Kunden, mit denen Sie in einen Dialog einsteigen. Jenseits der aktuellen Produktpolitik gibt es spannende Details zu erfahren. Kundenwissen ist bedeutender als Produktwissen, auch wenn es manchem Ingenieur wehtun wird. Produktwissen ist zukaufbar, Kundenwissen ist nur im Dialog erlernbar.

Schritt 2: Die Kittelbrennfaktoren

Wenn Sie wissen, wer Ihre Kunden sind und welche Interessen sie haben, dann ist der nächste Schritt einfach. Welches sind die KBF – die Kittelbrennfaktoren – Ihrer Kunden? Ja, Sie haben richtig gelesen: Kittelbrennfaktoren. Ihre Kunden haben bestimmte Probleme, Bereiche, in denen ihnen der Kittel brennt. Wenn es Ihnen gelingt, etwas zu bieten, das dieses aktuelle Problem Ihrer Kunden lösen kann, bleiben Sie interessant. Wenn Sie nur Produkte anbieten, die zwar nett sind, die Ihre Kunden aber nicht brauchen, sind Sie uninteressant.

Kennen Sie die KBF, können Sie jederzeit dafür sorgen, für den Kunden spannend zu bleiben und unersetzlich, nicht austauschbar zu werden. Es gibt drei wesentliche Fragen, die Sie stellen können:

- Welches ist das Kernproblem unter den aktuell brennenden Problemen Ihres Kunden?

- Welches ist das höchste Motiv, das Ihren Kunden antreiben könnte, etwas zu tun?

- Welches ist der schönste Traum, den Ihr Kunde träumt?

Probleme, Motive und Träume offenbaren die entscheidenden Kittelbrennfaktoren Ihrer Kunden. Finden Sie heraus, welche Probleme, Motive und Träume Ihre Kunden haben. Die Erfahrungen aus meinen Strategie-Coachings zeigen immer wieder, dass genau diese Aspekte entscheidend sind – bisher jedoch kaum beachtet wurden.

Das Unternehmen Cosmos Direkt, mit dem ich eine doppelte Kundenbeziehung habe, ist einer der erfolgreichsten Direktversicherer der Welt geworden. Mein zentrales Bedürfnis als Kunde war, eine faire Versicherungslösung zu einem attraktiven Preis zu bekommen. Damit hat Cosmos Direkt bei mir ein zentrales Bedürfnis erkannt. Dennoch wird der Service permanent weiterentwickelt, wie zum Beispiel eine 24-Stunden-Hotline und eine professionell gestaltete Internetseite für einfache Abschlüsse. In einem gemeinsamen Projekt konnten wir einen entscheidenden KBF herausarbeiten: Flexibilität. Heute ist Flexibilität in der Vorsorge ein entscheidendes Argument, sich für Cosmos Direkt zu entscheiden.

Cosmos Direkt

Die Versicherungsgruppe ist Deutschlands größte Direktversicherung und in Saarbrücken ansässig. Vertrieb und Kundenbetreuung laufen ausschließlich direkt ohne Außendienstmitarbeiter. Über 1.000 Mitarbeiter erwirtschafteten 2013 einen Umsatz von rund 3,3 Milliarden Euro. Cosmos Direkt gehört zum Finanzkonzern Generali Deutschland.

Schritt 3: Einzigartige Kundenlösung

Wenn Sie die Kittelbrennfaktoren Ihrer Kunden herausgearbeitet haben, dann wissen Sie höchstwahrscheinlich bereits mehr über die Welt Ihrer Kunden als der Wettbewerb. Zeit für Schritt 3: Wie sieht Ihre einzigartige Kundenlösung aus? Was können Sie aus einem Produkt beziehungsweise einer Dienstleistung und einem Trend so kombinieren, dass etwas Neues entsteht? Jetzt sind Sie gefragt, mit einer innovativen Lösung Ihre Kunden zu begeistern. Dabei spielt es keine Rolle, ob diese Idee bereits in einer anderen Branche erfolgreich eingesetzt wird. Entscheidend ist, dass sie für Ihre Kunden neu ist. Hier kommt noch einmal die Blue-Ocean-Strategie zum Tragen. Das Schlüsselwort heißt Nutzeninnovation. Sie müssen etwas finden, das aus der Perspektive der Kunden als eindeutig neu und innovativ eingestuft wird. Beispielsweise setzte Apple als erstes Unternehmen die Maustechnologie ein. Entwickelt wurde sie zwar vom Xerox Institut, Apple konnte die Lizenz jedoch günstig erwerben.

> **Das Schlüsselwort heißt Nutzeninnovation.**

Car2go

Der Carsharing-Anbieter Car2go gehört zu Daimler und Europcar. Die »Autos zum Mitnehmen« werden in verschiedenen Innenstädten mehrerer Länder angeboten. In Europa und den USA wird Car2go in 25 Städten von über 500.000 registrierten Kunden genutzt.

Der Carsharing-Anbieter Car2go zum Beispiel hat den Kundenwunsch nach Mobilität neu definiert und bietet in verschiedenen Innenstädten Europas »Autos zum Mitnehmen« an. Im Unterschied zur klassischen Autovermietung kann man bei Car2go im Stadtbereich geparkte Fahrzeuge minutengenau nutzen und bezahlen. Auch die Strategie von brands4friends, Markenware bis zu 70 Prozent günstiger anzubieten, war neu. Doch hier zeigt die inzwischen große Konkurrenz, dass es grundsätzlich nicht zu empfehlen ist, auf Preisstrategien zu setzen, da sie die höchsten Risiken bergen. Nur wenigen Unternehmen wie Aldi und Lidl bleibt es vorbehalten, damit dauerhaft erfolgreich zu sein.

Meine Erfahrungen zeigen, dass Sie immer die Möglichkeit haben, eine innovative Kundenstrategie aufzubauen. Sollte diese sich Ihnen nicht sofort erschließen, nehmen Sie sich die Zeit, noch intensiver nach Lücken in der Welt Ihrer Kunden zu suchen. Es gibt immer eine Idee, die den Kunden noch besser dort abholt, wo er gerade ist. Es lohnt sich: Denn das, was fehlt, aber gebraucht wird, ergibt die besten Wachstumschancen. Am meisten Geld verdienen Sie da, wo Sie die Bedarfslücke im Kopf Ihrer Kunden schließen.

Schritt 4: Partnerschaften bilden

Sie kennen Ihre Interessengruppe, deren KBF und welche innovative Lösung Sie schaffen wollen. Jetzt geht es an die Umsetzung. Doch Vorsicht: Versuchen Sie es nicht allein. Finden Sie Partner und schaffen Sie Kooperationen und Netzwerke, die Ihnen an der Schnittstelle zum Kunden die Tür öffnen können. Partnerschaften sind der Schlüssel zu dauerhaftem Erfolg.

Partnerschaften sind der Schlüssel zu dauerhaftem Erfolg.

Konzentration ist die Kür

Die Systematik der Clienting-Kundenstrategie ist klar und lässt sich schnell erklären. Die Herausforderung liegt darin, sie einzigartig umzusetzen. Wenn Sie jetzt noch einen weiteren Baustein berücksichtigen, sind Sie in der Lage, neue Wege mit Ihren Kunden zu gehen. Es geht um Konzentration – eines der wichtigsten Gesetze der Natur: Die Natur verschwendet keine Energien, sondern fokussiert sich. Und genau das können Sie auf Ihr Geschäft übertragen. Alle erfolgreichen Geschäftsmodelle haben ein klar ausformuliertes und deutlich erkennbares Kerngeschäft, auf das sich alle Energien richten. So können Sie Ihre Kundenstrategie konsequent und konzentriert umsetzen.

Bleibt noch eine Frage: Wann macht es Sinn, die Strategie zu ändern? Die Antwort lautet: Wenn der Kunde seinen Kittelbrennfaktor verändert. Dann ist der Wandel Ihre Chance.

Auf den Punkt

- Grundlage für den Erfolg eines Unternehmens ist die richtige Strategie.
- Das operative Tagesgeschäft ist der Strategiekiller Nummer eins.
- Unternehmensstrategien sind out. Heute brauchen Sie eine Kundenstrategie.
- Produkte kommen und gehen. Kunden bleiben.
- Die vier Eckpunkte der Clienting-Kundenstrategie: 1. Kundengruppe & Interessen – 2. Kittelbrennfaktoren – 3. Kundenlösung – 4. Partnerschaften.
- Konzentration ist ein wichtiges Gesetz der Natur. Und die Natur verschwendet keine Energie, sondern fokussiert sich.

6.   Erster im Kopf des Kunden

Als ich begann, dieses Buch zu schreiben, war ich gerade mit der Telekom auf einer Roadshow quer durch Deutschland. Unsere Zielsetzung: Unternehmern die Augen öffnen für die digitalen Chancen und sie motivieren, das Thema Internet zur Chefsache zu machen. Es war eine erfolgreiche Vortragsreihe und wir konnten Tausende von Menschen erreichen.

In Darmstadt sprach mich ein Teilnehmer an und suchte dabei etwas in seinem Portemonnaie. »Keine Sorge«, meinte ich scherzhaft. »Sie brauchen nichts zu bezahlen. Die Veranstaltung heute ist kostenfrei.« Doch er lächelte nur und zog eine kleine Karte heraus. Ich erkannte sie sofort. Was er dort in der Hand hielt, war der zentrale Satz des Clienting, den ich bereits in einem meiner ersten Bücher, *Clienting. Kundenerfolge auf Abruf jenseits des Egoismus*, jeder Ausgabe beigelegt hatte. Mit einem breiten Lächeln sah mich dieser Mann an und sagte: »Sie haben vor 20 Jahren einen Vortrag vor Siemens-Nixdorf-Mitarbeitern gehalten. Ich war einer davon. Seitdem trage ich nicht nur das Foto meiner Frau, sondern auch diese Karte ständig bei mir.«

Auf der Karte steht: »Unser Geschäft ist es zu helfen, damit unsere Kunden selbst bessere Geschäfte machen.« Ich war so gerührt, dass mir fast die Tränen kamen. Er steckte die Karte wieder in sein Portemonnaie und bedankte sich noch einmal für diese Art der Begleitung in den letzten Jahren.

> **Unser Geschäft ist es, mit allen Möglichkeiten dafür zu sorgen, dass unsere Kunden selbst bessere Geschäfte machen.**

Und er betonte, dass dies der wichtigste Satz seines Erfolgs sei. Ich kann nicht besonders gut mit Komplimenten umgehen, wahrscheinlich bin ich dafür in der falschen Zeit groß geworden. Aber der Dank dieses Mannes hat mich doch sehr bewegt.

Werte verändern sich immer wieder aufs Neue, auf Kundenseite genauso wie bei uns selbst. Was wir daraus machen, ist eine Sache der Einstellung. Und der Kunde ist ein guter Spiegel für das, was wir in uns tragen.

Als ich begann, Vorträge zu halten, fragte ich oft: »Wer von Ihnen ist Millionär?« Meist meldete sich niemand. Das war meine Chance, direkt die erste Idee zu präsentieren: Ich bat alle Teilnehmer, sich zu melden. Denn jeder ist Millionär. Jeder hat seit seiner Geburt mehrere Millionen Nervenzellen in seinem Gehirn. Genau genommen sind es sogar Milliarden. Doch bleiben wir bei den Millionen. Uns ist ein Millionensystem in die Wiege gelegt worden – jeder ist demnach mit dem gleichen Grundrecht auf Erfolg ausgestattet. Kann ich Sie motivieren, sofort loszulegen? Denn ehrlich gesagt müssen Sie jetzt durchstarten. Es ist noch alles offen. Sie können zu den Pionieren einer neuen Welt gehören, die gerade erst entsteht. Alles ist noch möglich.

Zu meinem Kundenkreis gehören 25-jährige Unternehmer genauso wie 67-jährige Familienunternehmer, die größten Konzerne Deutschlands einerseits, Einzelkämpfer andererseits. Was ist der gemeinsame Nenner? Sie sind Macher und wollen neue Wege gehen. Und sie haben das Gefühl und eine klare Vorstellungskraft, was es bedeuten kann, mit dem Kunden ganz anders umzugehen. Während ich bei den letzten Korrekturen für dieses Buch bin, erreichen mich bereits zwei neue Geschäftsideen.

Mit einer Technologie kann man ein völlig neues Kauferlebnis im Internet vermitteln, das so natürlich ist, dass es einen Einkauf in der klassischen Welt mehr als ersetzen kann, es noch emotionaler und besser sein wird als in einem Shop, wie wir ihn kennen. Es fängt gerade erst an, richtig Spaß zu machen, weil die Technologien jetzt erst in der Lage sind, wirkliche Innovationen umzusetzen. Mir wird jeden Tag bewusster, welches gigantische Chancenpotenzial auf jeden von uns wartet.

Sie müssen also nur den ersten Schritt wagen. Jeder ist für den Erfolg ausgestattet und somit hat auch jeder das Grundrecht auf Erfolg.

Das können Sie zwar ignorieren, aber nicht delegieren. Der Schalter für unser Millionensystem hat nur zwei mögliche Positionen – links oder rechts. Die Mitte für »Abwarten« existiert nicht.

Mit der linken Position entscheiden Sie sich für die logisch-rationale Hirnhälfte mit allem, was dazugehört: Erklärungen, Zweifel und Analysen, warum Ihre Idee bestimmt keine Chance hat und der Markt ohnehin keinen Raum hergibt, weil die Wettbewerber schon längst alle Nischen besetzt haben. Das Ergebnis ist, dass Sie Ihren Erfolg aufgeben, bevor Sie versucht haben, mit Ihrer Idee die Kundenwelt zu verändern. Schalten Sie hingegen auf die rechte Position, ist das die beste Einstellung für Ihren Erfolg. Denn hier sind Intuition und Emotionen zu Hause. Hier finden Sie die kreative Kraft, um neue Kundenideen zu entwickeln. Und hier ist der Himmel die Grenze des Machbaren – der Ort, an dem Sie das Unmögliche denken dürfen und davon träumen können, was es alles noch geben könnte.

Immer wieder entstehen Situationen, in denen Kunden sagen: »Ach, es wäre so schön, wenn es das gäbe!« Wenn Sie Ihre rechte Gehirnhälfte auf Erfolg gepolt haben, hören Sie diese Zwischentöne sofort. Aus solchen Hinweisen entstehen die nächsten großen Geschäftschancen, denn unsere Gedanken haben die Macht, neue Ideen in funktionierende Geschäftschancen umzusetzen. Der Kunde liefert Ihnen zwar keine fertigen Kundenlösungen, aber er signalisiert Ihnen, was am Markt fehlt.

Der Kunde liefert Ihnen keine fertigen Lösungen, aber er sagt Ihnen, was am Markt fehlt.

Der digitale Verkäufer

Genau so erging es mir und meinem Team, bevor wir eines unserer erfolgreichsten Produkte entwickelten: das Salesmonial. Bei einem Workshop für Marketing- und Vertriebsleiter baten wir die Teilnehmer darum, einmal jenseits der Normalität zu denken. Die Atmosphäre war hochkreativ. Viele außergewöhnliche Ideen wirbelten durch den Raum. Zum Schluss sagte ein Marketingleiter: »Wir leben heute in einer extrem schnellen Zeit. Jeder Kunde will heute praktisch alles in Echtzeit haben. Man müsste heute ein Produkt innerhalb von 24 Stunden einführen können.«

Wir alle lachten über diesen Satz, schien uns doch die Realisierung dieser Idee unmöglich zu sein. Doch weit gefehlt. Einen Tag später kam einer meiner Mitarbeiter in mein Büro und sprach mich auf diesen Satz an: Produkteinführung in 24 Stunden. Er hatte weitergedacht und sagte, dass er genau das über das Internet als machbar ansehe. Die Idee war, ein Konzept direkt in ein vermarktungsfähiges Produkt zu verwandeln, um es dem Kunden schnell anbieten zu können.

Wie es der Zufall wollte, ergab sich auf einer Dortmunder Messe ein Gespräch mit einem Versicherungskunden, der ein dringendes Problem hatte. Es ist der Fall, den ich in Kapitel 2 schon beschrieben habe: Der Kunde musste innerhalb von vier Wochen 8.000 Verkäufer über ein neues Produkt informieren und schulen, damit es aufgrund der Steuervorteile vor Jahresende verkauft werden konnte. Als ich ihm sagte, dass der Ideenträger für die Lösung seines Problems gerade vor ihm stehe, schmunzelte er und gab mir direkt drei Tage später einen Termin. Mit diesem Auftrag konnten wir unser erstes Salesmonial entwickeln. Heute nennen wir es den »digitalen Verkäufer«, der videobasiert und interaktiv die Topstory eines Produkts rüberbringt. Das ist die wirkliche Kunst und unser Kerngeschäft: die Kreation innovativer Topstorys.

Digitaler Verkäufer

Der digitale Verkäufer ist ein videobasiertes, interaktives und crossmedial einsetzbares Produkt der Geffroy GmbH. Entscheidend ist dabei die »digitale Sales-Story«, die ein Kundengespräch ganz oder teilweise ersetzen kann. So ist der digitale Verkäufer ein neuer Verkäufertyp, der rund um die Uhr Kunden für das Unternehmen gewinnt.

> Detaillierte Informationen über den digitalen Verkäufer finden Sie im Anhang.

Die Idee kam vom Kunden – daraus ein Produkt zu machen, lag bei uns. Umsetzen konnten wir es nur, weil wir unser Millionensystem richtig gepolt haben. Oft sind es die unsichtbaren Spielregeln, die zu überproportional messbaren Ergebnissen führen. Was ist das kollektive Millionensystem Ihres Unternehmens?

Erfolg ist eine Sache der Einstellung

Ein Satz kann alles verändern. In einem Ägypten-Urlaub besuchte ich das Ägyptische Museum in Kairo. Ich war müde an dem Tag, doch mit einem Mal war ich hellwach. Die zierliche Reiseführerin hatte etwas gesagt, das die Art und Weise, wie ich mit Unternehmen arbeite, völlig verändern sollte. Sie sagte: »Unsere Pharaonen haben anders gedacht.« Ich fragte nach, inwiefern sie anders dachten, und die Reiseführerin antwortete: »Unsere Pharaonen haben gedacht, dass ihr Leben erst mit dem Tod richtig losgeht.« Das Spannende daran ist, dass man bis heute noch nicht weiß, wie die Menschen damals den Bau der Pyramiden von Gizeh zustande gebracht haben. Nicht umsonst gehören die Pyramiden zu den sieben Weltwundern.

Es geht darum, Chancen zu sehen statt Probleme.

Wenn Sie der Erste im Kopf Ihrer Kunden sein wollen, brauchen Sie eine andere Grundeinstellung – so wie die Pharaonen. Es geht darum, die Chancen zu sehen und nicht die Probleme. Es braucht eine andere Reihenfolge der Erfolgsschritte. Die meisten Menschen diskutieren und reden permanent darüber, wie sie bessere Geschäftsergebnisse erzielen können, wie sie mehr Kunden gewinnen können und wie sie ihre Gewinne erhöhen können. Kurz gesagt: In den meisten Firmen geht es um Zahlen, Daten, Fakten.

Natürlich wollen auch wir die Ergebnisse verbessern. Nur setzen wir einen anderen Fokus. Denn wenn wir andere Ergebnisse erreichen wollen, müssen wir zwei Schritte zurückgehen und dort beginnen. Der erste Schritt: Lassen Sie die alten Denkmuster los und denken Sie neu. Denn nur wenn Sie anders denken, können Sie neue Ideen zulassen – zum Beispiel dass der individuelle digitale Kunde unsere größte Chance darstellt. Unternehmen müssen lernen, eine Vorstellungskraft zu entwickeln, wie sie Erster werden können. Die Vorstellungen berühmter Gründer – wie etwa Bill Gates von Microsoft, der sich vorstellen konnte, dass es eines Tages auf jedem Schreibtisch einen PC geben würde, oder Jeff Bezos, der sich vorstellen konnte, dass Amazon eines Tages das größte Kaufhaus der Welt sein würde – sind eingetreten. Bei vielen Firmen und Privatpersonen sind diese beiden Unternehmen heute Erster im Kopf. Intuition, Wille und Vorstellungskraft – all das sind kaum messbare Größen. Und doch sind diese Größen der Schlüssel für Ihre Erfolgseinstellung. Für Unternehmer, die mit Zahlen, Daten und Fakten an ihrer Seite in die Welt der Wirtschaft eingetaucht sind, ist das häufig allerdings erst auf den zweiten oder gar dritten Blick zu erkennen.

Vor einiger Zeit begleitete ich ein Unternehmen aus der Finanzbranche und war auch dabei, als es an die Börse ging. In diesem Zusammenhang lernte ich alle Vorstände anlässlich einer Tagung kennen. Ich beobachtete, wie engagiert und ausgiebig alle Teilnehmer über die Agenda diskutierten, als ob es nichts anderes zu tun gäbe. Bis mir der Kragen platzte. Ich schlug mit der Faust auf den Tisch und sagte in die Ruhe des Raumes hinein: »Wenn wir vor zehn Jahren alle so gedacht hätten, würde es dieses Treffen heute nicht geben.« Für einen Moment war es mucksmäuschenstill. Mein Impuls wirkte und es ging weiter – jetzt auf der Erfolgsspur. Ich hatte mit der Aktion für den Switch in den Köpfen gesorgt. Denn Erfolg ist über 90 Prozent Einstellungssache.

Ihr Glaube ist der Schlüssel zum Erfolg. Doch das wichtigste Schlüsselwort – der zweite Schritt – fehlt noch: der Glaube. Sie müssen daran glauben, dass es möglich ist, anders als alle anderen in der Branche erfolgreich zu werden. Wenn Sie an Ihre Kraft glauben, Erster werden zu können, ergeben sich die Lösungen oft von allein. Erster im Kopf des Kunden zu sein hat viele Dimensionen. Sie können der Erste sein, der mit einer völlig neuen, innovativen Kundenlösung kommt. Oder Sie können Erster im Kopf des Kunden sein, weil Ihre Beziehung zum Kunden so gut ist, dass keiner dazwischenkommt.

»Erfolge entstehen im Kopf. Misserfolge genauso.« Diesen Satz habe ich beim Signieren am häufigsten in meine Bücher geschrieben. Denn die Geheimnisse des Erfolgs sind unsere Fähigkeit zu denken und unsere Kraft, an den Erfolg zu glauben. Wenn Sie diese beiden Schritte gegangen sind, werden Sie automatisch anders handeln und somit auch andere, erfolgreiche Ergebnisse erzielen.

Zu Beginn meiner Arbeit mit Verkäufern ist mir immer wieder aufgefallen, dass das Verhältnis zwischen Bewusstsein und Unterbewusstsein falsch eingeschätzt wird. Heute wissen immer mehr Menschen, dass unsere Entscheidungen und unser Handeln nur **Richtig argumentieren geht nicht nur logisch, sondern psychologisch.** zu 10 Prozent durch unser Bewusstsein und zu 90 Prozent über unser Unterbewusstsein gesteuert werden. Das gilt für Sie genauso wie für Ihre Kunden. Richtig argumentieren geht nicht logisch, sondern psychologisch. Das ist Ihre große Chance, denn jedes Verkaufsgespräch läuft auf zwei Ebenen ab: auf der rationalen und auf der emotionalen Ebene. In jedem Menschen findet immer eine Paralleldiskussion statt. Wenn Sie jemanden loswerden wollen, dann lassen Sie sich irgendeinen Einwand einfallen. Wenn Sie allerdings Erster im Kopf Ihrer Kunden werden wollen, fragen Sie ihn doch einmal, was Sie tun müssten, damit die Zusammenarbeit für beide Seiten noch besser werden kann. Schalten Sie mental auf »Erster«. Vergessen Sie Plan B. Vertrauen Sie Ihrer Intuition. Es wird der Weg zum Kundenerfolg sein.

Auf den Punkt

- Der zentrale Satz im Clienting: Unser Geschäft ist es, mit allen Möglichkeiten dafür zu sorgen, dass unsere Kunden selbst bessere Geschäfte machen.

- Unser Gehirn ist ein Millionensystem. Wer es richtig polt, kann nur gewinnen.

- Es geht darum, Chancen statt Probleme zu sehen. Denn Erfolg ist eine Sache der Einstellung.

- 1. Erfolgsschritt: Lassen Sie alte Denkmuster los, damit neue Ideen möglich sind.

- 2. Erfolgsschritt: Glauben Sie an Ihren Erfolg.

- Richtig argumentieren geht nicht logisch, sondern psychologisch. Denn unser Unterbewusstsein steuert unser Handeln zu 90 Prozent.

7. Wer kommt vor dem Kunden?

»Wer von Ihnen braucht neue Kunden?« Wenn ich diesen Satz vor 300 Handwerkern sage, heben sich fast keine Hände. Ich gehe weiter zur nächsten Frage: »Wer von Ihnen braucht neue Mitarbeiter?« Fast alle Hände schießen jetzt nach oben.

So eröffnete ich vor Kurzem einen Vortrag in Köln. Die Reaktion des Publikums bestätigte eine Beobachtung, die auch der Fokus meines Vortrags war: Es gibt einen Engpass, der Unternehmen in ihrer Entwicklung blockiert. Worin besteht dieser Engpass? In einem Mangel, den auch mein Vortrag vor den Handwerken verdeutlichte: Heute fehlen nicht Kunden, sondern Mitarbeiter. Genauer gesagt: die *richtigen* Mitarbeiter.

Die Nachfrage nach qualifiziertem Personal steigt immer mehr und die auf den Kopf gestellte Alterspyramide spitzt die Situation weiter zu. Der Bundesverband mittelständischer Wirtschaft warnt: Künftig werden Firmen schließen, weil es keine geeigneten Nachfolger mehr gibt. Auch die flächendeckende Versorgung mit bestimmten Berufsgruppen ist in Gefahr. Dies hat dramatische Folgen, auf dem Land etwa fehlen immer mehr Ärzte. Besorgniserregend ist aber noch etwas anderes: Bis auf wenige Ausnahmen haben Firmen bisher diesen Wandel verschlafen. Dabei sind sie von dem Umschwung unmittelbar betroffen. In Zukunft müssen nämlich sie sich um ihre Mitarbeiter bewerben, nicht umgekehrt!

In Zukunft müssen sich Firmen um Mitarbeiter bewerben, nicht umgekehrt!

Firmen sollten deshalb neue Prioritäten setzen, sich auf das Phänomen einstellen – unabhängig davon, ob sie nun neue Mitarbeiter gewinnen oder alte halten müssen. Heute kann sich der qualifizierte Mitarbeiter das Unternehmen nach seinen Kriterien aussuchen – und ist nicht mehr der Bewerber oder gar Bittsteller. Darum müssen Unternehmen verstehen, wie sie sich in Zukunft verkaufen. Überhaupt müssen sie dies neu lernen. Schließlich haben sich Personalabteilungen mit dieser Frage noch nie auseinandergesetzt. Bisher galt ja die Devise: Der potenzielle Mitarbeiter hat ein Anliegen und die Firma die Macht. Plötzlich stehen Unternehmer auf der anderen Seite. Wahnsinn!

Die Generation Y arbeitet anders

Wenn Sie diese Entwicklung so spannend finden wie ich, empfehle ich Ihnen: Schauen Sie sich Studien zur Generation Y an. Gemeint sind damit die heute 25- bis 30-Jährigen. Sie werden feststellen: Diese Gruppe setzt deutlich andere Prioritäten als frühere Generationen. Geld war noch nie wirklich die Hauptmotivation. Jetzt ist der schnöde Mammon nur noch ein sogenannter Hygienefaktor. Mit anderen Worten: eine Grundvoraussetzung.

Generation Y

Als Generation Y (kurz: Gen Y) bezeichnen Soziologen den Teil der Bevölkerung, dessen Mitglieder zwischen 1990 und 2010 zu den Teenagern zählten. Gelegentlich wird diese Generation auch Millennials (auf Deutsch: die Jahrtausender) genannt. Sie gilt als Nachfolgegeneration der Babyboomers und der Generation X.

Y wird auf Englisch *Why* (»Warum?«) ausgesprochen. Dies verweist auch auf ein charakteristisches Merkmal der Generation Y: das Hinterfragen.

Größeren Wert legt die Generation Y auf die persönliche Entwicklung. Die neuen Mitarbeiter wollen im Team aktiv sein. Sie schauen sich Unternehmen genauer an – vor allem ihre Werte: Wie wichtig sind dort Kollegialität und Teamarbeit? Deshalb sollte auf der Homepage eines zukunftsorientierten Unternehmens heute sofort deutlich werden, warum es attraktiv für seine Mitarbeiter ist, was es anders macht als die Wettbewerber und warum es sich lohnen würde, hier zu arbeiten.

Die Generation Y achtet also auf Werte, auf Anerkennung für die eigene Arbeit, auf eine gute Work-Life-Balance. Deshalb hat sie auch häufiger Probleme mit Chefs, die noch ganz anders denken. Ganz egal, aus welcher Generation Sie selbst stammen, Sie wissen: Wenn Mitarbeiter nicht motiviert sind, gibt es auch keine zufriedenen Kunden. Deshalb kommt der Kunde erst an zweiter Stelle. An erster Stelle steht der Mitarbeiter! Und: Die Spielregeln des Clienting müssen demnach ebenso für Mitarbeiter gelten.

Wenn Mitarbeiter nicht motiviert sind, gibt es keine zufriedenen Kunden.

Mitarbeiter in den Mittelpunkt!

Ohne engagierte Mitarbeiter wird der Kunde nie zur Herzenssache! Die Motivation der Angestellten ist die Voraussetzung für begeisterte Kunden. Der Vorteil des gesamten Konzepts: Ich stelle Menschen in den Mittelpunkt, drinnen wie draußen. Das gilt übrigens auch für den Umgang mit Partnern an der Schnittstelle zum Kunden.

Die große Bedeutung von zufriedenen Kunden ist längst in aller Munde. Kürzlich rief mich ein international bekanntes Unternehmen an und bat um einen Termin. Der Grund: Kundenzufriedenheitsstudien hätten ergeben, dass der Index gerade einmal bei 25 Prozent lag. Das ist sicher verbesserungswürdig. Welche Faktoren beeinflussen diesen Wert am meisten? Eine firmeninterne Studie unseres Kunden hat gezeigt: Vergleichbare Produkte, vergleichbare Kunden und vergleichbare Märkte erzielten unterschiedliche Geschäftsergebnisse.

Doch schon in den 1990er-Jahren konnte das Unternehmen Xerox nachweisen, dass eine höhere Kundenzufriedenheit nicht automatisch eine höhere Profitabilität nach sich zieht. Zuerst kommt nämlich die Mitarbeiterzufriedenheit, dann die Kundenzufriedenheit und erst an dritter Stelle eine steigende Profitabilität. Anders ausgedrückt: Zufriedene Mitarbeiter sind das Fundament des Erfolgs. Sie bilden die Basis für die Herzenssache Kunde.

Es gibt einen Trend zum individuellen Kunden. Genauso wichtig aber ist der individuelle Mitarbeiter. Entsprechend müssen Unternehmen Angestellte als eigene Persönlichkeiten behandeln. Diese Forderung widerspricht freilich herkömmlichen Prinzipien der Mitarbeiterführung. Nötig sind deshalb neue Konzepte. Das Handwerksunternehmen Jungkurth im Sauerland hat dies erkannt. In einem Video auf der Homepage erklärt das Unternehmen, warum es sich lohnt, dort anzufangen, warum Mitarbeiter die wichtigste Rolle spielen. Vor diesem Video hatten sich kaum Auszubildende bei Jungkurth beworben. Danach stieg die Zahl der Bewerber erheblich. Denn in dem Werbefilm wurde deutlich: Hier zählt der Mensch.

Erlauben Sie mir einen Sprung aus dem Sauerland über den Atlantik. In den USA gibt es eine parallele Entwicklung. Die Amerikaner **Die Amerikaner sprechen von »Client Leadership«. Der Ansatz ist gut, aber noch nicht radikal genug.** sprechen von »Client Leadership«, auf Deutsch: die Führung des Unternehmens aus der Sicht des Kunden. Dieser Ansatz ist gut, aber für meinen Geschmack ist er noch nicht radikal genug. Ich denke, wir müssen die Führung ganz grundlegend verändern. Denn die Mitarbeiter sind *part of the game*. Über dieses Thema habe ich einmal auch für IBM gesprochen – an einem verrückten Tag.

Ich will Spaß, ich will Spaß!

IBM gilt als Vorreiter, auch beim Thema Mitarbeiterführung. Der Technologiekonzern engagierte mich für einen Vortrag vor Führungskräften. Eine Herausforderung. Ich wollte unbedingt etwas Neues sagen. Also entschied ich mich für einen Querdenker-Ansatz und suchte Antworten auf die Frage »Wie gelingt die Mitarbeiterführung von morgen?«.

Mein Vortrag sollte am 11.11. um 11:00 Uhr in Mainz beginnen. Kein Scherz! Wenn Sie Karneval-Kenner sind, wissen Sie, was das bedeutet. An diesem Tag, zu dieser Stunde, beginnt die Narrenzeit. Unser Veranstaltungsraum befand sich in der Mainzer Kongresshalle. Nebenan feierte die lokale Fastnachtsgesellschaft.

Versetzen Sie sich in meine Lage: Ich erhebe mich und auf dem Weg zur Bühne kommt mir ein Einfall. Die Wanduhr zeigt 11:09 Uhr. Ich stelle mich hinter das Rednerpult und sage – nichts. Die Menschen im Publikum schauen sich verwundert an. Ein Teilnehmer ruft: »Schalten Sie das Mikrofon ein!« Ich erlebe jetzt die längsten 120 Sekunden auf einer Bühne. Doch es lohnt sich, mein Plan geht auf. Um 11:11 Uhr beginnen im Nebenraum Menschen zu lachen, zu klatschen, Rabatz zu machen.

Als der Lärm etwas abebbt, sage ich meine ersten Sätze: »Meine sehr verehrten Damen und Herren, ich kann jetzt wieder von der Bühne herunter. Das Führungsmodell der Zukunft haben Sie gerade drüben im Raum nebenan gehört: Spaß! Wenn es Ihnen gelingt, diesen Faktor in Ihre Firma zu integrieren, haben Sie gewonnen!« Selten habe ich so verblüffte Gesichter gesehen wie in diesem Moment. Was hat denn nun eine Karnevalsgesellschaft mit dem mittlerweile zweitwertvollsten Unternehmen der Welt zu tun? Ich meine: sehr viel.

Überlegen Sie einmal: Was kann ein Unternehmen tun, damit Mitarbeiter nicht nur zur Arbeit kommen, sondern freiwillig länger bleiben und auch am Wochenende Ideen entwickeln? Wie kann es dazu beitragen, dass sie sich bei der Arbeit dermaßen ins Zeug legen? Ganz einfach: Gefragt ist eine neue Form der Führung!

Die Firma als Familie

Im Führungsseminar eines unserer Kunden entwickelten wir eine Grundidee, die erstaunlich einfach ist: Schreiben Sie einmal auf, wie ein idyllisches Familienleben für Sie aussieht. Auf welche Worte sind Sie gekommen? Vertrauen, gegenseitige Hilfe, offene Worte, Liebe? **Im Grunde genommen** Mit genügend Zeit kommen Sie schnell auf über **gelten in der Firma die** 20 Punkte. Nun schreiben Sie das Wort »Firma« **gleichen Spielregeln wie** über Ihre Liste. Würden Sie jetzt Worte heraus- **in der Familie.** nehmen oder hinzufügen?

Als wir diese Übung im Seminar ausprobierten, kamen wir zu dem Schluss: Im Grunde genommen gelten die gleichen Spielregeln der Zusammenarbeit. Bei uns im Unternehmen war damit ein neuer Führungsstil geboren: das »Family Concept«. Sowohl Familien als auch Firmen sollten das Wohl der Menschen im Blick behalten. Was heißt das konkret? Als Vorgesetzter habe ich das Ziel, dafür zu sorgen, dass meine Mitarbeiter selbst erfolgreicher werden. Die Führungskräfte von morgen sind keine Befehlsgeber, sondern Coaches. Sie gehen individuell auf ihre Mitarbeiter ein.

Jeder Mensch ist einzigartig. Dieses Wissen muss künftig im Vordergrund stehen. Es gibt sehr gute Methoden, die persönlichen Motive sowie Ziele eines einzelnen Mitarbeiters zu ermitteln. Als besonders praktikabel erwies sich in jüngster Zeit das *Reiss-Profil*. Es ermöglicht, anhand von 16 Lebensmotiven individuelle Motivationsprofile zu erstellen. Nicht jeder Mensch ist für jede Aufgabe gleichermaßen geeignet. Frau Krause etwa verkauft lieber, als im Büro Kundenordner anzulegen. Herr Schneider motiviert die Produktionshelfer zu Höchstleistungen. Und Frau Bährens animiert Kunden gerne zum Kauf. Im Idealfall verrichtet jeder die Arbeit, die ihm oder ihr am meisten liegt. Wenn jedoch jemand dauerhaft eine Arbeit ausführt, mit der er sich nicht identifizieren kann, schadet er seiner Gesundheit. Ganz abgesehen davon, dass unter diesen Voraussetzungen die vom Unternehmen vorgegebenen Ziele selten erreicht werden. Auch deshalb ist der individuelle Umgang mit den Mitarbeitern so bedeutsam.

Die Führungskräfte von morgen müssen sowohl fordern als auch fördern, das ist wichtiger als Aufstieg und Gehaltserhöhung. Einst galt der Grundsatz »Wer seine Mitarbeiter motivieren will, muss ihnen mehr bezahlen«. In den 1990er-Jahren hat zum Beispiel die Druckerei einer Regionalzeitung in Nordbayern jedem Angestellten 300 D-Mark in die Hand gedrückt. Als Dankeschön dafür, dass sie extra am Samstag zur Arbeit erschienen waren. Die Auftragslage war super und das Unternehmen wollte die Liefertermine unbedingt einhalten. In der heutigen wissensbasierten Welt ist Geld jedoch nicht unbedingt der wichtigste Wert. Firmenziele, Respekt und Arbeitsatmosphäre spielen für den Einzelnen eine weitaus bedeutendere Rolle als das Gehalt. Glücksforscher bestätigen: Der Mensch ist ein komplexes Wesen. Die Spezies ist nicht über einen Kamm zu scheren. Während sich etwa die Buchhalterin Frau Fischer über eine Gehaltserhöhung freut, weil sie bald mit ihrem Lebenspartner in den Urlaub fliegt, zuckt der 26-jährige Ingenieur bei 150 Euro mehr Einkommen nur mit den Schultern. Ihm wäre es wichtiger, freitags nur für seine Familie da zu sein.

Die Führungskräfte von morgen müssen sowohl fordern als auch fördern.

Ein weiterer Aspekt ist ausschlaggebend für Erfolg: Wer heute High Potentials halten will, muss ihre Karrierepläne unterstützen. Viele Unternehmer sehen jedoch in den Berufszielen der Mitarbeiter eine Bedrohung. Dabei könnten sie wie ein Sesam-öffne-Dich für Firmen sein, ihnen die Chance eröffnen, neue Märkte zu erobern. Unternehmen, die das verstehen und verwirklichen, bekommen im Gegenzug motivierte – und treue – Mitarbeiter. Hier greift noch einmal die Erkenntnis von Xerox: Sind die Angestellten zufrieden, erhöht sich der Umsatz automatisch. Firmen, die diese Faktoren ignorieren, existieren bald nur noch auf dem Papier.

Doch der neue Führungsstil beinhaltet noch mehr für mich, unter anderem flexiblere Arbeitszeiten, die Erlaubnis, auch von zu Hause zu arbeiten, und eine an den Einzelnen angepasste Bezahlung. Mir ist bewusst, dass diese Punkte gegen bisherige Regeln verstoßen. Man denke nur an die Regularien der Gewerkschaften. Dennoch kann ich mir vorstellen, dass neue Formen der Zusammenarbeit entstehen – wenn sich beide Parteien an einen Tisch setzen. Die Tage der autoritären Chefs sind gezählt. Nur mit einem neuen Führungsstil können Vorgesetzte adäquat auf die aktuellen Entwicklungen reagieren. Selbstverantwortung wird dabei eines der wichtigsten Stichworte für die Gesellschaft von morgen sein.

Seit einiger Zeit ist zu beobachten, dass Burn-out-Fälle dramatisch zunehmen. Einer Studie der IG Metall von 2011 zufolge hat die psychische Belastung am Arbeitsplatz zugenommen. Das Statistische Bundesamt stellt fest: Der Arbeitsstress belastet die Krankenkassen jährlich mit 27 Milliarden Euro. Um diese tickende Zeitbombe zu stoppen, raten Interessengruppen wie die IG Metall zu mehr Prävention. Ein unglückliches Berufsleben wirkt sich auch auf die Gesundheit aus.

Den Trend zur Individualisierung erleben wir auch bei medizinischen Behandlungen. Während Ärzte früher Patienten mit den gleichen Symptomen die gleichen Arzneimittel verschrieben, gibt es künftig für jeden Patienten eine eigene Vorsorge, Diagnose und Behandlung. Dabei wird nicht nur die Verträglichkeit der verordneten Medikamente berücksichtigt, sondern auch die DNA-Sequenzierung des Patienten. So lässt sich anhand von DNA-Bausteinen sofort erkennen, wie etwa ein bestimmtes Eiweiß seine Funktion verändert, sobald ein Medikament seine Wirkung entfaltet. Nebenwirkungen können so noch gezielter vermieden werden. Diese neuen Diagnostikmöglichkeiten sind schon erschlossen. Deren flächendeckende Umsetzung ist nur eine Frage der Zeit. Aber der Trend zeigt bereits heute klar in diese Richtung. So differenziert arbeitet die individualisierte Medizin.

> **Der Mitarbeiter wird künftig stärker dafür Sorge tragen, sein Berufsleben mit seiner Gesundheit in Einklang zu bringen.**

Was hat all dies mit dem Mitarbeiter zu tun? Nun, er wird künftig stärker dafür Sorge tragen, das Berufsleben mit seiner Gesundheit in Einklang zu bringen. Auch die Wirtschaft wird darauf reagieren müssen. Die McKinsey-Studie »Women Matter« aus dem Jahr 2012 zeigt: Viele große Unternehmen sind bemüht, besonders für Frauen flexible Arbeitszeitmodelle anzubieten, etwa indem eine frischgebackene Mutter die Arbeit nach der Elternzeit auch von zu Hause aus erledigen darf. Laut der Wirtschaftszeitung *Handelsblatt* setzt immerhin schon mehr als ein Drittel der mittelständischen Unternehmen diese Modelle um. Dazu zählen auch die Home-Office-Lösungen. Im Augenblick sind solche Arbeitszeitmodelle bei den über 45-Jährigen sehr gefragt. Junge Menschen dagegen bevorzugen noch den direkten Weg ins Büro, weil sie vor Ort Berufserfahrungen sammeln wollen. Aber ich bin überzeugt: In Zukunft wird auch die junge Generation flexible Arbeitszeitmodelle in Anspruch nehmen.

Unternehmen, die überleben wollen, müssen jetzt umdenken Und Erfolg neu definieren. Denn: Nur zufriedene Mitarbeiter sorgen für zufriedene Kunden. Kümmern Sie sich deshalb erst um Ihre Mitarbeiter, dann um Ihre Kunden. Erst kommt der Mensch, dann das Geschäft.

Auf den Punkt

- Es fehlen nicht die Kunden, sondern die qualifizierten Mitarbeiter.
- In Zukunft bewerben sich Unternehmer um Angestellte, nicht umgekehrt!
- Das »Family Concept« ist ein neuer Führungsstil.
- Die Führungskräfte von morgen sind Coaches.
- Wer seine High Potentials halten will, muss ihre Karrierepläne unterstützen.
- Erst kommt der Mensch, dann das Geschäft.

8. Triumph des Individuums

Kunden kaufen Produkte. Glauben Sie das wirklich? Meine Erfahrung zeigt etwas ganz anderes. Nämlich dass immer mehr Menschen Geld dafür ausgeben, an Produkten selbst mitzuarbeiten statt fertige Produkte auszuwählen und zu kaufen. Die Kunden sind kreativ geworden. Sie investieren Geld und erwarten Service nach ihrem Geschmack. Sie wollen mitreden, mitentscheiden, mitgestalten. Die Kunden von Spreadshirt zählen zu dieser Gruppe. Statt vorgefertigte Kleidung zu kaufen, produzieren sie eigene Klamotten. Wie geht das? Mithilfe des Internets. Im Onlineshop stellt man sich selbst Farben und Motive zusammen. Das so entstandene Shirt trägt man dann selbst oder verkauft es weiter. Verblüffend, oder?

Spreadshirt

Spreadshirt ist ein deutsches Unternehmen mit Sitz in Leipzig. 2001 gegründet als Onlineshop ist es heute laut eigenen Angaben die weltweite Kreativplattform für personalisierte Kleidung. Das Unternehmen wurde mehrfach ausgezeichnet und ist seit der Gründung noch immer auf Expansionskurs.

Quelle: www.spreadshirt.de

Spreadshirt ist aber kein Einzelfall. Jede Menge Firmen haben den Mitmachtrend erkannt. Das bekannteste und größte Unternehmen dieser Art ist der Onlinehändler Amazon.

Was macht ihn so erfolgreich? Ich gebe Ihnen nur ein Beispiel. Mittlerweile macht es Amazon möglich, Autor und Verleger zugleich zu sein. Das bedeutet konkret: Jeder kann sein eigenes Buch

Mittlerweile macht es Amazon möglich, Autor und Verleger in einer Person zu sein.

schreiben und veröffentlichen. Amazon bietet dafür zwei direkte Wege. Variante 1: Sie schreiben Ihr Werk mit einem speziellen Programm und verlegen es dann als E-Book im Amazon Shop. Weniger bekannt ist Variante 2: Amazon hat ein Programm im Angebot, mit dem Sie Ihr Buch auch als klassisches Printprodukt vertreiben können – natürlich über Amazon.

Mein Freund Stefan Osthaus hat diese Book-on-Demand-Variante sehr schnell umgesetzt. Bereits kurz nachdem ich es auf Facebook vorgestellt hatte, präsentierte er mir stolz sein gedrucktes Buch *The End of Work-Life-Balance*. Es ist nun weltweit im Amazon Shop verfügbar. Gedruckt wird es nur bei Bedarf.

Da gibt es also Menschen, die ihre Produkte selbst herstellen; die lieber ihren heimischen Computer hochfahren, als in den Laden um die Ecke zu gehen; die selbst arbeiten, statt sich bedienen zu lassen. Das **Ihr Kunde produziert** wäre noch vor 20 Jahren völlig undenkbar gewesen. **selbst. Mit anderen** Heute ist es ein Geschäftsmodell – und die Zukunft. **Worten: Er ist kein** Warum? Weil der Kunde heute mehr erwartet. Weil **Konsument, sondern ein** er nicht das kaufen will, was alle haben. Weil er in- **Prosument.** dividuell leben will. Deshalb wird der Kunde heute selbst kreativ, er setzt seine eigenen Ideen um. Je besser ein Unternehmen ihn darin unterstützt, umso erfolgreicher wird es sein.

Wie und wo fangen Sie an? Am besten mit einer einfachen, aber elementaren Einsicht: Der Kunde von heute ist nicht der Kunde von gestern. Wir haben tatsächlich einen neuen Typus vor uns. Einen Kunden, der auch Partner ist. Der neue Deal beruht auf Interaktion, Passivität ist passé. Was heißt das konkret? Sie als Unternehmen stellen Equipment plus Know-how zur Verfügung. Und Ihr Kunde? Er produziert selbst. Mit anderen Worten: Er ist kein Konsument mehr, sondern ein Prosument.

An dieser Schnittstelle setzt der Markt der Zukunft an. Hier ergeben sich für Unternehmer die größten Chancen. Die wichtigste Voraussetzung: Sie behandeln Ihren Kunden wie einen Partner. Der heutige Kunde will keine Fließbandarbeit mehr. Er will nicht das tragen, was schon Tausende vor ihm auf Straße und Schiene zur Schau gestellt haben. Sein Produkt soll einzigartig sein, individuell, unverwechselbar. Kurz: ein Unikat. Und das am liebsten noch selbst produziert.

Zwischen zwei Welten

Haben Sie den Alltag ohne Internet noch erlebt? Wenn ja, dann wissen Sie, wie mühsam es manchmal war, an Informationen heranzukommen. Wo ist die nächste Tankstelle? Wann fährt der nächste Zug nach Zürich? Wie finde ich das Haus meiner neuen Freundin, nachdem ich den Stadtplan verlegt habe? Viele Dinge mussten wir persönlich regeln – und vor Ort. Die heutige Generation der Käufer ist anders groß geworden. Tag für Tag tragen sie ihren persönlichen Assistenten in der Tasche: das Smartphone, ihr Freund und Helfer. Mit diesem Gerät ziehen sie sich nützliche Informationen aus dem Internet, lesen vor dem Kauf eines Produkts Bewertungen anderer Kunden und entscheiden so immer wieder aufs Neue: gefällt mir – oder nicht.

Hier stoßen mittlerweile zwei Welten aufeinander. Das zeigt sich nicht nur auf der Ebene der Kunden. Auch Unternehmen stecken in puncto »Kunde der Zukunft« noch in den Kinderschuhen. Mehrheitlich nutzen sie klassisches Marketing. Sie versuchen mit althergebrachten Methoden, ihre Produkte und Dienstleistungen unter die Leute zu bringen. Ob sie es wahrhaben wollen oder nicht: Mit diesem Vorgehen stoßen sie mehr und mehr an ihre Grenzen. Warum? Weil sich mittlerweile dieses Paralleluniversum entwickelt hat, dessen Bewohner sich Wissen und Erfahrungen aus dem Internet holen, statt auf traditionelle Kanäle zurückzugreifen. So nimmt etwa der Anteil der Menschen, die regelmäßig vor der Mattscheibe sitzen, kontinuierlich ab. Und selbst wenn sie fernsehen, halten sie meist nicht mehr nur die Fernbedienung, sondern auch Smartphone oder Tablet in der Hand. Ich spreche aus eigener Erfahrung. Die

Zeiten, in denen die gesamte Familie frisch gebadet eine Samstag-abendshow sieht, sind vorbei. Wenn ich heute meinen 20-jährigen Sohn David beobachte, bemerke ich: Er sieht praktisch nicht mehr fern. Mittlerweile hält er selbst Vorträge über die Social Media der Zukunft und das Leben als Digital Native. Und wenn er Unterhal-tung sucht, klappt er sein Notebook auf. Ein wahnsinniger Wandel.

Für Unternehmen geht es heute in erster Linie nicht darum, Kon-sumgüter zu produzieren und über Marketing an den Mann zu brin-gen. Der wahre Wert ist etwas anderes: die Aufmerksamkeit des Kunden. Um diese ist längst ein wilder Wettbewerb entbrannt. Wer es schafft, die Gunst des Kunden zu gewinnen, hat die Nase vorn. Ein Beispiel: Als T-Shirt-Vermarkter haben Sie ein Interesse dar-an, dass sich Ihr potenzieller Kunde abends auf der Couch ein neu-es T-Shirt bedrucken lässt, statt mit seiner Freundin die neue Staffel von *House of Cards* zu schauen. Verstehen Sie, was ich meine? Ihre wahren Wettbewerber sind dann nicht all die anderen Textilverkäu-fer, sondern vielleicht das Kino, die Bowlingbahn oder das E-Book.

Dieser Wettbewerb um Aufmerksamkeit wird weiter zunehmen – und zwar drastisch. Während ich dieses Buch hier schreibe, bereitet sich das US-amerikanische Unternehmen Netflix, das zunächst als Onlinevideothek agierte, darauf vor, Deutschland zu erobern. Wie wird wohl hierzulande der zukünftige Kunde seinen TV-Konsum ge-stalten? Das bleibt eine spannende Frage.

Netflix

Netflix wurde 1997 von Marc Randolph und Reed Hastings als Al-ternative zu bisherigen Videoleihunternehmen im kalifornischen Los Gatos gegründet. Das Unternehmen startete mit 30 Mitarbei-tern und einem Sortiment von 925 Filmen als Online-DVD-Verleih. Seit 2007 streamt das Unternehmen Filme für Abonnenten über das Internet. 2011 begann man mit der Eigenproduktion von Fern-sehserien. Seit 2012 expandiert Netflix nach Europa.

Sicher ist: Der Handlungsdruck in der klassischen Marketingwelt ist enorm. Die Onlinebudgets in globalen Konzernen werden immer weiter erhöht. Man will den Kunden dort abholen, wo er sich heute meist aufhält. Während noch alte Muster existieren, entwerfen wir die Modelle der Zukunft. Wir sind eine Sandwichgeneration, die zwischen der alten und neuen Welt groß geworden ist. Wir sind aufgewachsen mit Zeitungen, Fernsehserien und Anzeigen. Jetzt erleben wir, wie das Internet die Berufswelt, das Entertainment und die Werbung revolutioniert – und unseren Alltag gleich mit. Stellen Sie sich vor: Kürzlich fragte mich mein Sohn, wie ich mich eigentlich verabredet hätte, als ich selbst Jugendlicher war.

> **Wir sind eine Sandwichgeneration, die zwischen der alten und neuen Welt groß geworden ist.**

Werbung für alle oder Werbung für mich?

In dieser Welt des Umbruchs entsteht etwas, was ich für den zentralen Trend der Zukunft halte: der individuelle Kunde. Zu beobachten ist diese Entwicklung in den verschiedensten Lebensbereichen. Ein besonders plastisches Beispiel ist die Werbung. Tag für Tag schlägt man Ihnen Reklame um die Ohren. Sie hören Jingles im Radio, lesen auf dem Weg zur Arbeit Anzeigen auf Litfaßsäulen und digitalen Displays, und wenn Sie im Internet surfen, ploppen unerwünschte Pop-ups auf. Viele Kunden haben darauf keine Lust mehr. Sie sind gelangweilt, haben es satt. Kurz: Sie wollen keine Werbung, die nicht zu ihnen passt und die nichts mit ihrem Leben, ihren Bedürfnissen oder ihren Träumen zu tun hat. Die Produkte und Dienstleistungen anpreist, die sie nicht brauchen – zumindest nicht jetzt, nicht heute, nicht hier.

Diese Art von Werbung nervt. So sehr, dass sie keine Kauflust mehr weckt, sondern Aggression. Kunden wollen durchaus konsumieren, sich aber nicht für dumm verkaufen lassen. Meist haben sie sowieso schon alles, was sie brauchen. Und mehr. All die Angebote, all die vermeintlichen Schnäppchen – wie oft haben sie sich schon als sinnlos herausgestellt, als Betrug und Bauernfängerei? Und jetzt glauben sie den Versprechungen der Werbung einfach nicht mehr.

Die Werbung der Zukunft weiß, was Sie wollen. Das klingt womöglich beunruhigend und erinnert ein bisschen an Science-Fiction. Tatsächlich ist Hollywood oft ein paar Schritte weiter, wenn es um Visionen geht, wie wir in Zukunft leben könnten. Vielleicht haben Sie den Film *Minority Report* gesehen, einen Thriller mit Tom Cruise in der Hauptrolle. Darin gibt es eine spannende Szene: Der Protagonist flüchtet vor seinen Verfolgern, rast atemlos durch ein Shoppingcenter. Und was sieht er? Werbung. Doch was hier angepriesen wird, ist nur für ihn wahrnehmbar. Das Gezeigte basiert auf dem Wissen darüber, was ihn interessiert. Das ist phänomenal – und bereits heute durch Tracking-Mechanismen beispielsweise von Google in abgeschwächter Form Realität. Und, wie ich glaube, die Werbung der Zukunft.

Die Werbung der Zukunft weiß, was Sie wollen.

Früher galt das Prinzip: Ein Produkt für alle. Demnächst heißt es: Ein Produkt für mich. Dann gibt es keine Werbung mehr für die Masse, sondern nur noch Angebote, die individuell abgestimmt sind auf den einzelnen Menschen. Dieses Konzept löst nicht nur Begeisterung aus. Im Freundeskreis oder auch in öffentlichen Debatten gestehen Menschen manchmal, dass sie sich verfolgt fühlen, eingeschüchtert, ja, dass es ihnen schlicht unheimlich ist, wenn andere wissen, was sie wollen. Doch es gibt auch viele Fans dieser Entwicklung. Insbesondere Angehörige der jüngeren Generation bewerten sie als Segen. Schließlich überrollt man sie nicht mehr mit sinnlosen Anzeigen. Endlich bekommen sie Informationen über das, was sie wirklich interessiert.

Alles ist auf Abruf verfügbar – wann und wie wir es brauchen. Wer glaubt, das sei immer noch Zukunftsmusik oder bestenfalls Stoff für Science-Fiction-Filme, wird feststellen müssen: Wir sind gar nicht mehr weit davon entfernt. Vor Kurzem habe ich eine interessante Beobachtung gemacht: Bei Amazon schaute ich nach dem Buch, das Sie jetzt gerade in Händen halten. Ich wollte wissen, wie es in der Vorschau gerankt ist. In diesem Zusammenhang klickte ich dann noch einige andere Bücher von mir an. Und was passierte? Als ich am nächsten Morgen auf eine andere Webseite ging, sah ich dort eine Anzeige von Amazon. Der Inhalt? Exakt die Bücher, die ich mir am Abend zuvor angesehen hatte.

Das bedeutet: Hier hat ein Lernprozess stattgefunden. Sie müssen sich das so vorstellen wie den Service in einem 5-Sterne-Hotel. Wenn ein Gast das Haus betritt, gilt die Devise: Der Kunde ist König. Das wussten Sie schon. Aber um erfolgreich zu sein, kommt es in diesen Spitzenhotels auch darauf an, diesen König samt Krone kennenzulernen. Was bestellt er gerne zum Frühstück? Liebt er harte oder weiche Eier? Trinkt sie ihren Campari mit Eis oder ohne? Die Vorlieben der Kunden zu kennen, ist ein Muss. Die Vorlieben der Kunden abzuspeichern, ist ein Wettbewerbsvorteil. Deshalb behalten gute Häuser wertvolle Informationen über Gäste im Gedächtnis – respektive auf der Festplatte. Schließlich will der verwöhnte Kunde nicht jeden Abend aufs Neue gefragt werden: »Mit Kohlensäure oder ohne?«

> **Der Kunde ist König. Aber um erfolgreich zu sein, kommt es auch darauf an, diesen Kunden samt Krone kennenzulernen.**

Bessere Technik, besserer Service

Wie für Spitzenhotels gilt auch für Spitzenwerbung: Der Kunde ist ein Individuum. Die große Bedeutung dieses Satzes hat auch IBM erkannt. Eine in Auftrag gegebene Umfrage unter mehr als 1.600 Managern weltweit ergab: Der individuelle Kunde ist eine der vier zentralen Herausforderungen für zukunftsorientierte Unternehmen.

Einer der befragten Fondsmanager sagte bei der Umfrage etwas Lustiges: »Natürlich wissen wir, dass es in Zukunft um den individuellen Kunden gehen wird, allerdings gibt es davon 8 Milliarden auf der Erde!« Große Unternehmen tun sich erfahrungsgemäß schwer, auf den einzelnen Kunden einzugehen. Hier ist aber nicht allein der Wille entscheidend. Gute Kundenbetreuung ist auch eine Frage der Technik. Erst jetzt stehen uns Technologien zur Verfügung, die Einzelproduktionen erlauben. Vor einigen Jahren war es schlicht und einfach nicht möglich, ein Auto mit der Auflage eins zu produzieren. Das einzigartige Traumauto blieb eben genau das: ein Traum. Vor einigen Jahren war es auch noch undenkbar, Bücher mit der Auflage eins herzustellen. Das ändert sich nun.

Es entsteht eine neue Welt. Eine Welt, in der es möglich wird, ein Unikat zu produzieren – mit minimalen Kosten. Eine faszinierende Entwicklung. Vielleicht haben Sie schon einmal einen 3-D-Drucker in Aktion gesehen. Führende US-amerikanische Kollegen sehen hier die

Es entsteht eine neue Welt. Eine Welt, in der es möglich wird, ein Unikat zu produzieren – mit minimalen Kosten.

nächste Revolution. Sie favorisieren eine neue Generation von 3-D-Druckern. Diese fertigen Produkte wie von Zauberhand. Mit der richtigen Blaupause am PC ist die Herstellung eigener Produkte mit der Auflage eins ein Kinderspiel. Bereits heute spekuliert man über die Möglichkeit, in nicht allzu ferner Zukunft mit speziellen 3-D-Druckern – und ausgefeilten Brennverfahren – ein Haus zu bauen. Ganz individuell. Willkommen im »Internet der Dinge«!

Die beste Nachricht aber ist: Diese Möglichkeiten haben nicht nur mächtige Konzerne. Jeder Kunde wird – wenn er es denn will – in die Lage versetzt, sein eigenes Produkt zu fertigen. Deshalb tritt der individuelle Kunde künftig auch als individueller Produzent in Erscheinung. Inzwischen besteht technisch sogar die kuriose Möglichkeit, sich selbst als 3-D-Modell zu drucken. Manche Menschen haben bereits ein digitales Alter Ego, demnächst können sie sich ein greifbares Modell ihrer selbst auf den Schreibtisch stellen.

Auf dem Weg zum individuellen Kunden ist die Technologie der zentrale Treiber. Was Ihnen jetzt vielleicht unmöglich oder wenig praktikabel erscheint, wird in Zukunft ganz normal sein. Wenn Ihnen in, sagen wir, zehn Jahren dieses Buch wieder in die Hände fällt, leben Sie in einer Welt, die sich dramatisch verändert hat. Und dann erinnern Sie sich möglicherweise daran, wie unrealistisch Ihnen damals erschien, was ich hier und heute schreibe.

Endlich wird auch die zentrale Forderung meines Clienting-Konzepts Realität: Hier geht es um den Klienten, um das Individuum. Bei Wikipedia gilt mein Clienting-Konzept als Beziehungslehre, obwohl ich den einzelnen Menschen im Blick hatte. Offenbar ist die Zeit jetzt erst reif dafür.

Bestseller Bananenbrot

Natürlich gibt es Skeptiker, ich aber bin überzeugt: Mit diesem Individualkonzept können Sie ganze Märkte revolutionieren. Die Kunden sind bereit für eine neue Idee.

Wie gut dieser innovative Ansatz funktioniert, möchte ich Ihnen an einem aktuellen Beispiel zeigen: der Bäckerei Dreschflegel aus Mosbach. Seit vielen Jahren führt die Familie Walter ihre Bäckereien auf bewährte Art und Weise: Sie bietet Brot mit höchster Frischequalität. Das kann ich persönlich bestätigen – auch ich genieße ihre Produkte. Doch Tradition hin oder her: Auch bei Bäckereien gibt es Billigwettbewerb. Das Unternehmen entschloss sich, auf diesen Druck kreativ zu reagieren. Die Mitarbeiter suchten nach neuen Wegen. Und was lag da näher, als die Chancen des Internets zu nutzen? Die Walters eröffneten also einen Onlineshop.

Brötchen backen kann jeder, aber nicht jeder backt für jeden ganz eigene Brötchen.

Das machen doch viele, könnte man einwenden, was natürlich auch stimmt. Aber gerade weil es auch in dieser Branche Onlinekonkurrenten gibt, war von Anfang an klar: Etwas Besonderes muss ins Angebot. Brötchen backen kann jeder, aber nicht jeder backt für jeden ganz eigene Brötchen! Die Walters schon. Über einen sogenannten Brot-Konfigurator bietet diese Bäckerei die Möglichkeit, Brote selbst zusammenzustellen. Sie kaufen als Kunde nicht einfach ein angebotenes Brot, sondern wählen selbst die kulinarischen Komponenten des Gebackenen aus, ganz nach Ihrem Geschmack. Zusätzlich bietet die Bäckerei mehr und mehr Spezialitäten an, die es in klassischen Brotgeschäften gar nicht mehr gibt – oder noch nie gegeben hat, zum Beispiel das Bananenbrot. Ebenfalls zu beziehen über den Onlineshop. Wie kam es dazu? Die schlauen Bäcker haben kreativ auf einen Trend reagiert. Das Stichwort Bananenbrot wird online über 8.000 Mal im Monat gesucht. In Kanada und Amerika ist dieses Brot ein Bestseller. Hierzulande kennt man es kaum.

Bäckerei Dreschflegel

Die erste Filiale der Bäckerei Dreschflegel eröffneten Karin und Josef Walter im Jahr 1999. 2000 öffnete der Neckarelzer Dreschflegel seine Glasfronten, 2001 folgte die Filiale im Handelshof und zwei Jahre später die Eröffnung des nächsten Dreschflegels neben der AWG.

Die Walters verwirklichen die Idee des individuellen Produkts. Ihr Motto: »Brotkunst statt Kunstbrot«. Denn mittlerweile kann sich der Kunde auch das Bananenbrot aus verschiedenen Zutaten zusammenstellen. Wenn das kein Service ist!

Egal ob es nun Bäckereien oder Buchgeschäfte sind, der morgendliche Kaffee oder das Kinderprogramm – das Konzept der Individualität ist nicht mehr aufzuhalten. Versteht es ein Unternehmen, dem individuellen Kunden auch individuelle Produkte zu verkaufen, bringt dies viele Vorteile mit sich.

Maß für Maß

Der wichtigste Vorteil besteht in der guten Beziehung zum Kunden. Erfasst man ihn in seiner Einzigartigkeit, kommt er gerne wieder. Um einen Kunden im besten Sinne des Wortes betreuen zu können, müssen Sie viel über ihn wissen (denken Sie an meine Beispiele aus dem Fünf-Sterne-Hotel). So viel, dass der Kunde nicht bereit ist, dieses Wissen immer wieder neu mit einem anderen Wettbewerber zu teilen.

Bevorzuge ich zum Beispiel maßgeschneiderte Hemden und Anzüge, dann werde ich dem Unternehmen treu bleiben, das einmal meine Maße genommen hat – vorausgesetzt, ich bin zufrieden mit den neuen Klamotten. Gefällt es mir, wenn ich bequem bestellen kann und man mir weiterhin interessante Produkte vorstellt, dann entscheide ich mich womöglich wiederholt für Amazon, das den Kunden möglichst gut kennenlernen will. Mit anderen Worten: Wo man weiß, was mich interessiert, fühle ich mich wohl.

Wo man weiß, was mich interessiert, fühle ich mich wohl.

Wer hätte zum Beispiel nicht gern eine ganz individuelle Krawatte? Eine Krawatte ohne Kompromisse. Wenn ich Menschen dies frage, reagieren sie meist erstaunt und sagen: »Darauf wäre ich ja nie gekommen!« So ist es oft. Wir fragen nicht nach Dingen, von denen wir keine Vorstellung hatten. Was noch nicht existiert, kann man sich nicht wünschen. Oder vielleicht doch? Ich meine, es ist möglich. Kreative Köpfe wissen lange im Voraus, was die Kunden wollen. Angenommen, es gäbe die Möglichkeit, die für Sie perfekte Krawatte zu finden, würden Sie diese kaufen? Genau diese Idee hat einer meiner Geschäftspartner umgesetzt. Sein Name: Joachim Bürger. Sein Unternehmen: Zic'nZac. In dem Essener Shop können Männer ihre eigene Krawatte schneidern. Ist das nicht cool? Ich muss gestehen: Als ich zum ersten Mal von dieser Geschäftsidee erfuhr, hatte ich erhebliche Zweifel. Kann das wirklich klappen? Springen Kunden tatsächlich darauf an, selbst zu schneidern? Machen gestresste Männer ihre eigene Mode? Ich kann Ihnen sagen: Das Unternehmen floriert. Konkret: Die Umsätze sind monatlich fünfstellig.

Zic'nZac

Der »Näh-Szene-Store« wurde im Oktober 2010 auf 400 Quadratmetern in der Essener Innenstadt von Joachim Bürger gegründet. Es ist ein All-inclusive-Geschäft für alle Schneider und Schneiderinnen, mit Café, Näh-Akademie, Nähtec-Store und einem ausgewählten Angebot an Stoffen.

Eines ist mir in diesem Buch besonders wichtig: Ich möchte nicht Visionen beschreiben, sondern konkrete Verkaufsmodelle vorstellen. Die zuvor genannten Beispiele wie Spreadshirt und Amazon zeigen, wohin der Zug der Zukunft fährt. In meinem Buch *Triumph des Individuums* habe ich mehr als 80 Firmenbeispiele integriert. Diese arbeiten bereits überaus erfolgreich mit individuellen Kunden – und es werden jeden Tag mehr!

Wir erleben einen Paradigmenwechsel von der Masse hin zur Individualität. Klassische Werbemaßnahmen werden obsolet. Die Reklame der Zukunft kennt den Kunden. Der Kunde ist König – doch kein König gleicht dem anderen! Es entsteht ein Markt mit enormem Potenzial. Nutzen Sie Ihre Chance! Die größte Herausforderung besteht darin, der Erste zu sein. Wie immer gilt: Der frühe Vogel fängt den Wurm. Ich sage es einmal in meinen Worten: Der First Mover besetzt den Markt.

Auf den Punkt

- Der neue Kunde ist auch Ihr Partner.

- Der Kunde produziert. Er ist ein kein Konsument, sondern ein Prosument.

- Gute Kundenbetreuung ist auch eine Frage der Technik.

- Erfassen Sie den Kunden in seiner Einzigartigkeit, dann kommt er wieder.

- Klassische Werbemaßnahmen werden obsolet.

- Wir erleben einen Paradigmenwechsel von der Masse zur Individualität.

- Der First Mover besetzt den Markt.

9.   Der digitale Kunde

Was ist das Internet Ihrer Meinung nach: Eine Vernetzungsplattform? Ein Unterhaltungsmedium? Eine Wissensmaschine? Aus meiner Sicht ist es der dritte Vertriebsweg – einer, der heute noch in den Kinderschuhen steckt, dessen Bedeutung aber in den nächsten Jahren sichtlich steigen wird. Über kurz oder lang wird dies sogar der wichtigste Vertriebsweg sein. Denn: Neben dem Innendienst und dem Außendienst hat der digitale Vertriebsweg das größte Wachstumspotenzial.

Es gibt schon Unternehmen, die die Chancen der digitalen Welt erkennen. Einige von ihnen habe ich in den vorangegangenen Kapiteln bereits vorgestellt. Viele nutzen die neuen Möglichkeiten allerdings noch nicht. Und die allermeisten sehen sie nicht einmal!

Einerseits ist heute jeder im Internet vertreten – andererseits bleiben Unternehmen dort erschreckend passiv. Noch heute erkläre ich Managern und Unternehmensinhabern, dass es Sinn macht, sich mit dem Internet zu beschäftigen, weil es immer mehr »digitale Kunden« gibt. Zu diesem Zweck habe ich sogar ein kostenloses E-Book entwickelt: *Internet ist Chefsache*. Eine digitale Kundenstrategie ist nämlich genauso bedeutend wie eine individuelle Kundenstrategie. Deshalb möchte ich Ihnen hier Möglichkeiten aufzeigen, die 98 Prozent der Unternehmer nicht nutzen. Und ich will Sie über die wichtigsten Irrtümer aufklären, die leider immer noch im Umlauf sind.

Die eigene Webseite ist heute eine Notwendigkeit, aber kein Alleinstellungsmerkmal.

Irrtum 1: Hauptsache, ein Internetauftritt!

»Ich bin drin«, sagte Boris Becker einmal in einem berühmten Werbespot. Gemeint war natürlich das Internet. Ja, es ist schön, gut und wichtig, auch als Unternehmen im World Wide Web präsent zu sein. Die eigene Webseite ist heute eine Notwendigkeit – aber kein Alleinstellungsmerkmal. Wenn Sie als Unternehmer online gehen, wissen Sie: Der Wettbewerber ist immer nur ein paar Klicks entfernt. Trotzdem denken viele Geschäftsleute: »Hauptsache, ein Internetauftritt! Meine Webpräsenz ist die halbe Miete.« Sie holen also mehr oder weniger berühmte Designer ins Boot, wählen sorgfältig Schriften und Farben aus, stellen Texte und Fotos online. Und lehnen sich dann zurück. Die Internetseite steht. Mission accomplished.

Nein, das ist sie nicht! Wer glaubt, es reiche, eine Webseite zu haben, sitzt einem gewaltigen Irrtum auf. Der Onlineauftritt per se ist nicht das Ergebnis, sondern nur der erste Schritt auf dem Weg zum Erfolg, zum letztlichen Ziel: einer guten Beziehung mit dem digitalen Kunden. Wer sich mit dem Erstellen einer Webseite begnügt, verhält sich wie ein Bauarbeiter, der die Kelle niederlegt und die Baustelle verlässt, sobald der Keller fertig ist. Sie können sich vorstellen, dass der künftige Hausbesitzer einigermaßen erstaunt reagieren würde: »Was ist mit dem Wohnzimmer, dem Schlafzimmer, der Küche? Wo ist mein Dachboden und wo bleibt der Balkon?«

Es genügt nicht, ein Unternehmen online zu präsentieren. Der Kunde muss sich vor Ort wohlfühlen und aufhalten wollen. Ich denke, die meisten Geschäftsleute wissen durchaus, wie wichtig die Präsenz im Internet ist, aber wenige können diese produktiv nutzen. Irgendwo anwesend zu sein, genügt nicht. In der Schule bekamen Sie Ihre guten Noten doch auch nicht dafür, dass Sie sich jeden Tag auf Ihren Stuhl setzten. Sie mussten vor Ort auch etwas leisten. Das gilt genauso für Unternehmer im Internet. Sie brauchen eine Strategie. Sie sollten Wege zu ihrem digitalen Kunden

Unternehmen brauchen eine Strategie. Sie sollten Wege zu ihrem digitalen Kunden bauen.

bauen. Genau an dieser Stelle gibt es noch enormen Handlungsbedarf. Oder sagen wir lieber: ein Chancenpotenzial.

Im Internet existiert immer noch ein Niemandsland für neue Geschäftsideen. Das heißt aber auch im Umkehrschluss: Sie leben in einer Goldgräberzeit. Wer jetzt durchstartet, kann phänomenale Erfolge erzielen. Ein schönes Beispiel aus meinem Kundenkreis ist der Ihnen bereits bekannte Dr. Ullrich. Der Einzelkämpfer hat eine wichtige Entscheidung getroffen. Er beschloss, keinen klassischen Vertrieb aufzubauen, sondern sein Produkt exklusiv über das Internet zu verkaufen. Ullrich hat ein rund 180 Euro teures Produkt im Angebot, das in der Schmerztherapie enorm wirksam ist. Das Internet sah er als seine große Chance, als den besten Vertriebsweg. Denn er wollte einen weltweiten Markt. Also ließ er sich strategisch von mir beraten und konzipierte eine Seite. Diese konzentriert sich konsequent auf den zentralen Kittelbrennfaktor: schmerzfrei leben.

Um neue Kunden zu gewinnen, benötigt er keine umfangreiche Webseite, sondern nur eine sogenannte Landing Page. Also eine Homepage, die sich nur auf ein Produkt oder eine Dienstleistung konzentriert – und damit zu einem digitalen Verkäufer werden kann. Verständlich, eindeutig, reduziert auf das Wesentliche. Aber auch mit wesentlicher Wirkung! Der Mann hat nicht nur eine Seite erstellt, sondern eine Strategie umgesetzt. Und das sollten Sie auch tun.

Bevor ich Sie jetzt gleich auf den nächsten Irrtum aufmerksam mache, erlauben Sie mir noch eine Anmerkung: Für alle Unternehmer, die bis heute nicht im Internet vertreten sind und sagen: »Es geht doch auch so. Kunden kommen zu mir und kaufen.« Gut, es gibt noch Menschen, die beim Händler gerne persönlich erscheinen. Aber ich garantiere Ihnen: Auch diese Kunden holen sich Informationen aus dem World Wide Web, und zwar vor, während oder vielleicht sogar nach dem Einkauf. Sie prüfen das Produkt, und an diesem Prozess sind Sie nicht beteiligt. Wollen Sie Ihre Kunden damit wirklich alleine lassen? Sie wissen ja: Mehr Kontakt bringt mehr Geschäft.

Irrtum 2: Am wichtigsten sind viele Besucher auf meiner Webseite!

Auf die Klicks kommt es an! Wie oft haben Sie diesen Satz schon gehört? Er wird nicht nur ständig wiederholt, er wird regelrecht gepredigt: »Achten Sie auf Ihre Besucherzahlen! Wer kommt auf Ihre Internetseite? Wer bleibt und wer klickt gleich weiter zum Wettbewerber?«

Menschen lieben Zahlen, denn sie sind so schön konkret. Mit den entsprechenden Einstellungen auf der Webseite kann jeder messen, wie viele Besucher er hat. Aus diesen Zahlen lassen sich dann feine Statistiken basteln. Statistiken wiederum eignen sich wunderbar für Präsentation. Aus Zahlen werden schwarze Kurven, die Kollegen auf Vorstandssitzungen stolz an die Wand werfen. Schwarze Kurven, die – möglichst steil – nach oben zeigen. Dazu eine sonore Stimme, die verkündet: »Letztes Jahr hatten wir 20.000 Besucher pro Monat, dieses Jahr sind es rund 100.000.« Ich gebe zu: Das klingt erst einmal gut. Irgendetwas wurde richtig gemacht, wenn deutlich mehr Menschen eine Webseite besuchen. Aber erlauben Sie mir eine schnöde Gegenfrage: Was hat das mit Geld zu tun? Konnte das Unternehmen mit mehr Besuchern auch mehr verdienen?

Es hilft einem Unternehmen nichts, wenn seine Webseite viele Besucher hat. Das Einzige, was zählt, sind Abschlüsse. Das ist eben bei Klickzahlen der Knackpunkt. Die Gretchenfrage, die so manchen Powerpoint-Speaker in Verlegenheit bringen dürfte. Es klingt wenig erfreulich, aber ich muss es hier in aller Deutlichkeit sagen: Es hilft einem Unternehmen nichts, wenn seine Webseite viele Besucher hat. Das Einzige, was zählt, sind Abschlüsse. Erst wenn Sie aus Besuchern Kontakte machen und aus Kontakten Kunden, haben Sie eine zentrale Spielregel des Internets verstanden.

Im Grunde genommen kennen Sie die Situation aus dem klassischen Vertrieb. Es geht nicht darum, wie viele Besuche ein Verkäufer bei potenziellen Kunden absolviert, sondern wie viele Abschlüsse er erzielt. Auch im Tante-Emma-Laden kommt es nicht darauf an, wie viele Kinder sehnsüchtig um die Süßigkeiten herumschleichen, sondern wie viele letzten Endes an der Kasse auch ihr Taschengeld zücken.

Wer digitale Kunden im Internet erobern will, kann einiges aus der Offlinewelt auf die Onlinewelt übertragen. Leider wird dies selten gemacht. Dr. Ullrich hat verstanden: Um Geschäftsabschlüsse zu erzielen, um also den digitalen Kunden für sich zu gewinnen, muss er aktiv werden. Was hat der Doktor unternommen? Er bietet jedem Besucher ein nutzenorientiertes E-Book an – kostenlos. Die Zahlen nach dem Start seiner Webseite waren beeindruckend. Innerhalb von drei Monaten hatte Dr. Ullrich mehr als 5.400 neue Kontakte. Von diesen kaufte ein Drittel mehr oder weniger direkt das Produkt. Sein neues Ziel: Er will 100 Produkte am Tag verkaufen. Tatsächlich ist er gar nicht mehr so weit davon entfernt. Wenn es ihm jetzt noch gelingt, aus ersten Kundenkontakten dauerhafte Beziehungen zu knüpfen, können aus Erstkunden wieder Verkäufer für die angebotenen Produkte werden. Wasser in Wein zu verwandeln, das hat nur einer geschafft. Aber aus Besuchern Kunden zu machen, das dürfte auch Ihnen gelingen.

Irrtum 3: Ich muss einfach nur bei Google gefunden werden!

Wer suchet, der findet – aber nicht in der digitalen Welt. Das heißt: Man findet schon. Irgendetwas. Irgendwen. Aber nicht unbedingt Sie, Ihr Unternehmen, Ihr Angebot. Also denken Geschäftsleute gerne: »Hauptsache Google! Wenn ich auf der magischen Liste erscheine, habe ich den Kunden so gut wie gewonnen.«

Wer denkt, es genüge, bei Google auf der Liste zu stehen, hat es sich wieder zu leicht gemacht.

Natürlich will ich hier nicht behaupten, dass Google keine Bedeutung hätte. Ganz im Gegenteil. Doch auch hier gilt: Wer denkt, es genüge, bei

Google auf der Liste zu stehen, macht es sich zu leicht. Mit anderen Worten: Er hat beim Keller aufgehört zu bauen. Nach wie vor ist es entscheidend, ob Sie bei Google überhaupt gefunden werden. Aber noch viel entscheidender ist, ob Sie bei Google auf die erste Seite kommen! Und das – nebenbei gesagt – ohne dafür bezahlen zu müssen. Der Wettbewerb im Internet ist hart. Deshalb müssen Sie schnell überzeugen.

Angenommen, Sie werden gefunden. Angenommen, der Kunde klickt auf Ihre Seite. Dann haben Sie genau zwei Sekunden Zeit für einen ersten positiven Impuls. Findet sich der User auf Ihrer Seite nicht wieder, spricht sie ihn nicht an, langweilt sie ihn sogar, weil sie uninteressant gestaltet wurde, ist er im Nu wieder weg.

Dumm gelaufen, oder? Aber es geht noch weiter: Google hat aufgepasst, Google merkt sich das. Und wenn so etwas häufiger passiert, wenn also Kunden kommen und sofort wieder gehen, ist das für Google wie ein rotes Lämpchen, ein wichtiges Signal: Diese Seite ist uninteressant! Diese Seite wird abgewertet! Denken Sie daran: Das hat nichts mit Ihrem Produkt zu tun, sondern einzig und allein mit dem ersten Eindruck, den Sie beim Kunden hinterlassen. Im Grunde ist es genau so wie im täglichen Leben. Der erste Eindruck ist entscheidend, der letzte bleibt.

Kürzlich wurde uns eine Internetseite präsentiert, die etwa 120.000 Euro gekostet hat. Und dennoch passierte nichts. Das ist kein kurioser Einzelfall. Viele teuer erstellte Webseiten sind heute tote Seiten bei Google. Woran liegt das? Ein entscheidender Grund lautet: Die Suchparameter haben sich verändert. Früher standen die sogenannten Keywords – Schlüsselwörter – im Mittelpunkt. Natürlich sind sie auch heute noch von Bedeutung, schließlich ist Google eine Maschine. Sie kann nicht wie Menschen Bilder sehen, sondern orientiert sich am Text. Allerdings lernt die Maschine Google sehr gut. Das bedeutet: Sie wird jeden Tag ein Stückchen schlauer. So kommt es, dass Google heute auch die Aktivität einer Seite messen und einstufen kann. Wesentlich oder unwichtig? Die Antwort, die Google auf diese Frage gibt, hat große Auswirkungen auf Ihr Geschäft.

Verzweifeln Sie jetzt aber bitte nicht angesichts der digitalen Macht dieser Maschine. Sie können ihren Mechanismus für sich nutzen, Sie können etwas tun! Es ist ein offenes Geheimnis: Je aktiver Sie das Internet mit Informationen versorgen, umso mehr wächst Ihre Attraktivität und umso besser werden Sie gefunden.

Je aktiver Sie das Internet mit Informationen versorgen, umso mehr wächst Ihre Attraktivität und umso besser werden Sie gefunden.

Genau genommen müssen Sie also heute im World Wide Web zwei Herren dienen. Zuerst einmal Google. Als Maschine hat Google einen anderen Blick und andere Bewertungskriterien als ein Mensch. Hier zählen Schlüsselworte, aber eben auch die Informationen, die von anderen aufgegriffen und kommentiert werden. Google schaut sich den größten Wettbewerber Facebook wie auch andere Social-Media-Kanäle ganz genau an. Wie aktiv sind Sie auf diesen Plattformen? Google will es wissen. Anhand von über 200 Bewertungskriterien wird dann entschieden, wo Sie im Google-Ranking einsortiert werden. Das klingt erst einmal ziemlich überwältigend. Aber es gibt eine spannende Möglichkeit, die eigene Popularität in der Google-Welt zu steigern. Dazu komme ich später noch.

Lassen Sie mich zunächst auf den zweiten Herrn zu sprechen kommen: den Kunden. Von Google unterscheidet er sich in einem zentralen Punkt. Er ist keine Maschine. Lachen Sie nicht. Ich muss es wirklich so deutlich sagen. Der Kunde soll auf den ersten Blick sehen, was ihn wirklich interessiert. Er will fündig werden, will Dinge herausfinden, will wissen, wo er Hilfe bekommt. Im Gegensatz zu einer Maschine fühlt er sich auch von Design angesprochen. Und er entscheidet sehr schnell, ob er sich auf Ihrer Webseite wohlfühlt.

Irrtum 4: Meine Internetseite lebt von informativen Texten!

Ich verrate Ihnen jetzt ein kleines, aber wichtiges Detail: Die meisten Menschen informieren sich online und rufen dann an, um weitere Fragen zu klären – und zu bestellen. Warum tun sie das? Weil es für Menschen immer noch das Natürlichste der Welt ist, mit anderen Menschen zu kommunizieren. Vergessen Sie nicht: Erst kam der Dialog, dann der digitale Austausch!

Wer diese Wahrheit ignoriert, sitzt dem nächsten Irrtum auf: »Hauptsache, die Texte meiner Seite sind informativ!« Unternehmen beauftragen PR-Agenturen damit, ihre Inhalte in starke Worte zu verwandeln. Sie bezahlen viel Geld für werbewirksamen Lesestoff. Verstehen Sie mich bitte nicht falsch. Ich habe nichts gegen gute Texte und erst recht nichts gegen eine informative Internetseite. Aber: Wer digitale Kunden anlocken und binden will, braucht mehr als einen Kanal. Und meine Erfahrung hat mich gelehrt: Lesen ist gut, sprechen ist besser!

Lesen ist gut, sprechen ist besser!

Was heißt das konkret? Denken Sie in Ihre eigene Webseite – die Sie hoffentlich längst besitzen. Wo findet ein potenzieller Kunde die Telefonnummer Ihres Unternehmens, also den direkten Draht in Ihr Büro? Findet er sie schnell? Genügen ein oder zwei Klicks? Wenn nicht, ist es Zeit, aktiv zu werden. Machen Sie es Ihrem Kunden so einfach wie möglich, Kontakt herzustellen. Das zahlt sich aus. Menschlich und monetär.

Seit Jahren lautet meine These: Das Internet muss menschlicher werden. Was meine ich damit? Je natürlicher Sie das Internet entwickeln, umso erfolgreicher gewinnen Sie den digitalen Kunden. Seit Langem empfehlen wir unseren Partnern: Gestalten Sie den aktiven Dialog so einfach wie möglich! Telefonieren Sie, reden Sie, chatten Sie!

Ich kann mich noch gut erinnern, wie geschockt ich vor einigen Jahren war, als ich nachts auf einer US-amerikanischen Internetseite surfte. Denn plötzlich meldete sich der CEO des Unternehmens – es war ein Start-up – im Livechat! Er kam wie der Geist aus der Flasche. Ich war geschockt, aber auch fasziniert. Nun konnte ich direkt kommunizieren und Fragen stellen – ohne dafür zahlen zu müssen. Dieses Erlebnis hat mich geprägt. Heute denke ich: Das ist die Zukunft! Gewinner sind Unternehmen, die das Internet nutzen, um ihre Beziehung zum Kunden zu vertiefen. Auf einem denkbar einfachen, natürlichen und menschlichen Weg: dem Dialog. Auch hier ist die Technik ein wichtiger Treiber.

Die Einführung eines neuartigen Systems durch einen der größten deutschen Konzerne steht kurz bevor. Dieses neue Produkt ermöglicht digitale Liveberatung, das heißt Dialog, Beratung, Verkauf. Alles läuft über das Livevideo. Wenn dieses Buch erscheint, werden bereits die ersten Kunden ihren Kunden statt eines Callcenters ein Videocenter präsentieren. Das ist eine äußerst praktische Geschichte: Der Kunde sieht den Liveberater und entscheidet, ob er sein Videosignal sendet oder ausschließlich beim Ton bleibt. Da heutzutage Technik und Übertragungsgeschwindigkeit überall ausreichend vorhanden sind, ergibt sich dadurch eine neue Qualität der Beratung.

Wie häufig haben Sie es schon erlebt, dass Sie erst um 23 Uhr Zeit fanden, sich mit Shopping zu beschäftigen? Mir jedenfalls ist es schon oft so ergangen. Klassische Verkäufer stehen zu diesem Zeitpunkt nicht mehr zur Verfügung. Liveberater im Internet schon.

Jedes Unternehmen kann – unabhängig von seiner Größe – eine digitale Strategie entwickeln.

Beispiele wie dieses zeigen: Jedes Unternehmen kann – unabhängig von seiner Größe, denn Google kennt keine Größe, nur die Kategorie aktiv oder inaktiv – eine digitale Strategie entwickeln, ausgerichtet am aktuellen Bedarf der Kunden. Wie Sie gesehen haben, geht das viel weiter, als eine Homepage online zu stellen. Ich habe es schon mehrfach betont: Die Entwicklung ist noch am Anfang. Noch ist nichts verloren. Noch haben Sie nichts verpasst. Allerdings bin ich auch überzeugt: Zukunftsorientierte Unternehmen müssen jetzt die Weichen stellen, sonst fährt der Zug zwangsläufig an ihnen vorbei. Es wundert mich zum Beispiel, wie wenige Unternehmen einen Onlineshop besitzen und wie viele ihre teuren Homepages ausschließlich als Visitenkarte nutzen. Denn damit verpassen sie die riesige Chance, neue Kunden unter Verkaufsgesichtspunkten zu nutzen. Der Vertriebsweg Internet liegt leider weitgehend brach. Sie haben die Wahl: Wollen Sie den Bedarf einfach nur decken oder wecken?

Irrtum 5: Ich verkaufe nur mein Produkt!

Ich hielt einmal einen Vortrag bei der Deutschen Bank. Mein Nachredner präsentierte einen Onlineshop bei Amazon sowie seinen eigenen Shop, mit dem er mittlerweile 1 Million Umsatz pro Jahr erzielt. Spätestens da wurde jedem im Publikum klar: Es gibt keine Grenzen, den digitalen Kunden zu gewinnen.

Als ich Anfang dieses Jahrzehnts begann, mich intensiv mit diesem Thema auseinanderzusetzen, bekam ich gut gemeinte Ratschläge: »Überlass das doch lieber den Internetprofis!« Als wir damals an dieses Thema herangegangen sind, trieb uns eine feste Überzeugung an: Viele Spielregeln aus der Clienting-Welt lassen sich auf das Internet übertragen.

Der Einsatz von Videos ist eine Marktlücke.

Wir glaubten, dass zukunftsorientierte Unternehmen nur mit der Umsetzung digitaler Kundenkontakte langfristig erfolgreich sein konnten. Nach einer Weile stießen wir auf ein spannendes Phänomen. Obwohl Unternehmer für sich in Anspruch nahmen, die Google-Spielregeln zu kennen, gab es eine vergessene Chance: Videos.

Der Einsatz von Videos auf Youtube-Basis ist eine Marktlücke. Dabei will der digitale Kunde heute keinen Text. Zumindest nicht nur. Er will auch unterhalten werden. Und er mag es, wenn ihm die Welt der Produkte per Video erklärt wird. Deshalb haben wir im Laufe der letzten zehn Jahre annähernd 100 Videos für unsere Kunden produziert. Was lag da näher, als diese Kernkompetenz online zu nutzen?

Parallel dazu testeten wir, ob es gelingen kann, mit einem Video auf die erste Seite bei Google zu kommen. Damals waren wir im Gespräch mit einem Experten für Suchmaschinen. Er bot uns an, für 500 Euro im Monat zwei Jahre lang unsere Keywords zu optimieren. Dieses Schlagwort ist ja bereits gefallen und ich hatte Ihnen versprochen, auf diesen Punkt noch einmal genauer einzugehen. Eines unserer Keywords hieß »modern verkaufen«. Über Nacht formulierten wir die Betreffzeile eines Videos, das wir bereits seit längerer Zeit auf unserem eigenen Youtube-Kanal zeigten, um. Wir schrieben unser Keyword »modern verkaufen« dorthin. Dieses Video steht bei Google heute noch auf Platz eins.

Christian Rätsch, der ehemalige Leiter des Telekom-Mittelstandsmarketings und heutige Vorsitzende von Saatchi & Saatchi, hat diese Idee mit einem noch schwierigeren Wort umgesetzt: Einfachheit. Wenn Sie bei Google Videos mit diesem Begriff suchen, taucht auch Rätschs Video an erster Stelle auf.

Youtube

Youtube ist ein Videoportal des US-amerikanischen Unternehmens Google Inc. Es hat seinen Sitz im kalifornischen San Bruno. Gegründet wurde es im Februar 2005 von Chad Hurley, Steve Chen und Jawed Karim. Auf dem Portal können User kostenlos Videoclips ansehen, bewerten und selbst hochladen. Am 9. Oktober 2006 wurde Youtube vom Suchmaschinenbetreiber Google für umgerechnet rund 1,3 Milliarden Euro in Aktien gekauft.

Vielleicht geht es nicht immer so einfach, aber wir haben festgestellt: Ein Videokonzept im Internet, ein eigener Youtube-Kanal – der Ihnen übrigens kostenlos zur Verfügung steht – verschafft Ihnen echte Vorteile. Wenn Sie einmal verstanden haben, dass das Internet eigene Spielregeln hat, können Sie noch eine weitere Trumpfkarte ziehen. Merken Sie sich: Der Kunde will im Internet nichts verkauft bekommen – er möchte selbst etwas kaufen. Was meine ich damit? In der Regel geht der Kunde gezielt auf die Suche: nach Produkten, nach Informationen, nach Ratschlägen. Tatsächlich ist ein digitaler Kunde zuallererst ein Ratsuchender. »Was muss ich tun, wenn ich zum ersten Mal in ein Fitnessstudio gehe?« – »Wer hilft mir, wenn meine Balkonpflanzen verkümmern?« Der Kunde will alles Mögliche wissen. Die Nachfrage ist riesig, das Angebot – noch – dünn. Und das ist Ihre Chance!

Werden Sie in Ihrer Branche zum besten Ratgeber Ihrer Kunden! Platzieren Sie sich auf dem Markt, indem Sie Videos zur Verfügung stellen, in denen Sie bestimmte Dinge beschreiben und erklären. Glauben Sie mir, der Bedarf danach ist enorm. Internetportale wie Wer-weiß-was.de oder Gutefrage.net boomen. Jeder kann für Interessierte zum Experten werden und so erst Kontakte knüpfen und später Kunden gewinnen. Sie müssen nur Ihren Fokus verändern – und der Verkauf läuft fast von allein.

Werden Sie in Ihrer Branche zum besten Ratgeber Ihrer Kunden! Platzieren Sie sich auf dem Markt, indem Sie Videos zur Verfügung stellen.

Welche Rolle spielt der Kunde bei Google? Diese Frage hat mich eine Weile beschäftigt. Sie war der eigentliche Schlüssel zum Erfolg unserer digitalen Kundenstrategie. Bedenken Sie: Google interessiert sich am meisten dafür, wie Ihre Kunden denken, leider jedoch nicht dafür, wie Sie selbst denken. Das sollte Sie aber nicht weiter irritieren, denn Googles Know-how auf diesem Gebiet steht auch Ihnen zur Verfügung. Wenn Sie wissen, was Ihre Kunden im Internet suchen, können Sie Ihre Angebote gezielt darauf ausrichten. Dieser Durchbruch ist dramatisch. Denn Sie orientieren sich nicht nur am aktuellen Bedarf Ihrer Kunden. Viel besser: Sie wissen bereits vor Ihren Wettbewerbern, was Ihre Kunden suchen. Und dann besetzen

Sie genau dieses Keyword im Internet. Das Tool zur Keyword-Analyse »Wie und was recherchieren Ihre Kunden im Internet?« finden Sie im Anhang.

Noch einmal, weil es so wichtig ist: Sie können sehen, was Ihre Kunden jeden Tag im Internet suchen und wie oft sie es tun. Google denkt, wie Ihre Kunden denken. Das ist der Durchbruch für Ihr Internetgeschäft.

Bevor ich einen Vortrag halte, checke ich selbst immer gern: Was suchen die Kunden, vor denen ich reden werde? So ergeben sich immer wieder spannende Situationen. Vor einem Auftritt bei Möbelhändlern recherchierte ich, wie oft »Möbel online kaufen« von Usern gesucht wird. Das Ergebnis: annähernd 35.000 Mal im Monat. Das erzählte ich auch meinem Publikum. Da rief mir ein Zuhörer zu, ich würde doch wohl nicht ernsthaft glauben, dass man Möbel im großen Stil online verkaufen könne? Seit Kurzem gibt es einen neuen Onlineshop namens Moebel.de. Dort gibt es 500.000 Produkte aus 150 Shops. Gerne würde ich heute mit dem skeptischen Herrn aus dem Publikum noch einmal ein paar Worte wechseln. Ob er immer noch so denkt wie damals?

Das Internet ist der spannendste Marktplatz der Welt. Digitale Kunden können hier grenzenlos konsumieren. Mittlerweile spreche ich nicht mehr nur vom Internet, sondern vom »Evernet«. Was verbinde ich damit? Das Evernet ist der Einstieg in die mobile Welt. Eine Welt, in der jede Information abrufbereit ist – wann Sie wollen und wie Sie wollen. Das verändert auch das Handeln und Denken der Kunden. Stellen Sie sich auf diese digitale Umwälzung ein. Ich bin kein Politiker, aber ich würde in Berlin gern neben dem Ministerium für Verkehr und digitale Infrastruktur ein Extra-Ministerium für Digitales einführen. Warum? Damit ich jedem Unternehmen einen »Digitalisierer« an die Seite stellen kann.

Auf den Punkt

- Der Onlineauftritt ist nicht das Ergebnis, sondern der erste Schritt zum Erfolg.
- Es zählen nicht die Besucher, sondern die Abschlüsse.
- Je aktiver Sie das Internet versorgen, umso besser werden Sie gefunden.
- Machen Sie es Ihren Kunden so einfach wie möglich, Kontakt herzustellen.
- Der Einsatz von Videos auf Youtube-Basis ist eine Marktlücke.
- Werden Sie in Ihrer Branche zum besten Ratgeber Ihrer Kunden.

10. Schneller, als der Kunde erlaubt

Meine Zeitgenossen sind mit ihm groß geworden und es galt als absoluter Qualitätsgarant: das Nokia-Handy. Lange Zeit war das finnische Unternehmen tatsächlich der unangefochtene Marktführer bei Mobiltelefonen. An der Börse wurde es bestens bewertet, und seine Geschichte war spektakulär: von der Gummistiefelfabrik zum Weltkonzern.

Dann kam der 9. Januar 2007. An diesem Tag tauchte eine Firma, die bis dato auf dem Markt der Telefone noch kein bekannter Player war, mit einem neuen Gerät auf: einem Telefon mit Touchscreen und virtueller Software-Tastatur, das auch in der Lage war, hochauflösende Videos abzuspielen. Zwar wurde es begeistert gefeiert, doch keiner dachte zu diesem Zeitpunkt daran, dass es die Welt völlig verändern würde. Das war der Beginn von Nokias Niedergang.

Niemand konnte sich vorstellen, dass mit dem ersten iPhone eine Revolution ins Rollen kommen würde.

Die Rede ist von Apple und dem ersten iPhone. Heute hat es jeder, der es sich leisten kann. Obwohl Google mittlerweile mit dem Betriebssystem Android erheblich mehr Kunden hat, gilt das iPhone als Kultobjekt. Telefonieren ist dabei fast Nebensache. Die Käufer nutzen das Gerät, um Nachrichten an ihre Liebsten zu tippen, Abfahrtzeiten von Zügen zu finden oder online einen Blumenstrauß für Tante Berta zu bestellen. Wer hätte 2007 daran gedacht, wie sehr sich die Welt mit diesem kleinen Gerät verändern, wie sehr es die Märkte revolutionieren würde? Wohl niemand, vielleicht nicht einmal Steve Jobs.

Jedenfalls kursiert das Gerücht, dass die Manager von Nokia von Apples Auftritt gar nicht so überrascht gewesen sein sollen. Die App-

Idee lag ihnen, so die Legende, sogar früher als Apple vor. Sie sollen sich sogar darüber lustig gemacht haben. Das neue Produkt, so will es das Gerücht, erschien ihnen als Spielzeug für Gamer.

Es konnte sich einfach keiner vorstellen, dass hier eine Revolution ins Rollen kommen würde. Erst Jahre später verstanden Unternehmer, dass Smartphones aufgrund ihrer Mobilität, der einfachen Bedienung und mehr als einer Million Apps inzwischen die wichtigsten technischen Helfer im Alltag waren. Für Nokia kam diese Erkenntnis zu spät. Die Telefonsparte von Nokia gehört heute zum Microsoft-Konzern, der damit seine neue Strategie der Business-Integration komplettiert.

Stichwort Vorstellungskraft

Ich bin ein überzeugter First Mover. Das heißt: Ich liebe es, technische Neuerungen schnellstmöglich zu testen. Und ich kann mich noch gut an meine ersten Erlebnisse mit dem iPhone erinnern. Damals wurde ich belächelt. Der Blackberry hatte zu diesem Zeitpunkt bereits die Businesswelt erobert. Fast jeder Manager trug das kleine Gerät in der Tasche. Mit der Kombination aus Telefon und E-Mail besetzte der Blackberry eine eigene Nische. Damals behauptete ich: Eines Tages würde der Blackberry keine Rolle mehr spielen, die meisten Manager würden – zumindest privat – ein iPhone nutzen. Das fanden viele meiner Gesprächspartner überzogen. Wenn Sie sich heute in einer Hotellobby umsehen, entdecken Sie fast nur noch Geräte von Apple, Google und neuerdings auch wieder häufiger von Microsoft.

Was ich mit dem Blackberry und dem iPhone sagen will: Manche Menschen sind überdurchschnittlich gut darin, Trends zu antizipieren, Entwicklungen aufzuspüren, die in der Luft liegen, und darauf mit dem passenden Produkt oder der passenden Dienstleistung zu reagieren. Der Fachbegriff für solche Reaktionen: Innovation. Jeder will sie, jeder sucht sie. Die Frage ist: Wie kommt Innovation zustande? Wenn ich mir anschaue, wie gefühlte 90 Prozent der Unternehmen ihre Produkte entwickeln, müsste die Antwort auf diese Frage lauten: durch Planung und Kundenbefragung. Nichts anderes ist ja die Marktforschung. Doch ist das wirklich ein Erfolgsfaktor?

Hatte der ewige Visionär Steve Jobs etwa ein Marktforschungsinstitut damit beauftragt, Kunden zu fragen, was sie noch suchen? Ich glaube, er hat das zu keinem Zeitpunkt auch nur annähernd in Betracht gezogen. Hätte er es dennoch gemacht, wäre mit hoher Wahrscheinlichkeit etwas sehr Enttäuschendes dabei herausgekommen. Denn den meisten Menschen fehlt schlicht die Vorstellungskraft für das, was sie nicht kennen. Für etwas, was es auf dem Planeten Erde noch nicht gibt.

Als einer der Ersten kaufte ich ein Mobiltelefon, für – halten Sie sich fest – die stolze Summe von 12.000 D-Mark. Da fragte mein bester Freund: »Meinst du das wirklich ernst?« Ich könne doch unmöglich glauben, dass man auch noch auf der Straße telefonieren müsse. Der Rest ist Geschichte. Aber die Frage bleibt: Wie entstehen Innovationen? Und wie können auch Sie die nötige Vorstellungskraft entwickeln, die Sie brauchen, um auf Marktforschung verzichten zu können? Denn Sie wissen es selbst: Marktforschung ist ein Milliardengrab. Mir ist kein zukunftsweisendes, weltveränderndes, revolutionierendes Produkt oder Unternehmen bekannt, das durch Kundenbefragungen entstanden ist.

Die vergessene Brieftasche

An der Seite von Doktoren und Professoren saß ich einige Jahre in einem Beirat, der jährlich den Innovationspreis des Jahres vergab. Mit dem Schirmherrn Lothar Späth trat ein Gremium von Topexperten zusammen, um den jeweiligen Sieger zu küren. Die zentrale Frage lautete immer: Welcher Unternehmer ist es wert, Innovator des Jahres zu sein? Was macht eine Innovation wirklich aus?

Denken Sie noch einmal an das Beispiel Apple: War das iPhone eine Innovation? Mit Sicherheit. Sogar eine Sensation! Was wurde dabei aber wirklich neu erfunden? Wie hoch war die Innovationskraft auf einer Skala von 0 bis 100? Bei genauem Hinsehen zeigt sich: Die einzelnen Bestandteile und Effekte des iPhones waren alle vorher schon da. Die Innovation bestand also nicht darin, etwas komplett Neues zu schaffen, sondern existierende Komponenten ganz neu zusammenzufügen. Entstehen also Innovationen einfacher, als wir denken? Auf keinen Fall! Nicht jede Neukonfiguration ist eine Innovation. Erst die Vorstellungskraft des Erfinders, der Gedanke, dass aus ihrer Zusammenführung ein völlig neues Produkt entstehen könnte, machte das iPhone zu dem, was es heute ist. Das bedeutet: Um innovativ zu sein, braucht es Vorstellungskraft, Fantasie, Spiellust und Experimentierfreude.

> **Um innovativ zu sein, braucht es Vorstellungskraft, Fantasie, Spiellust, Experimentierfreude.**

Innovation kann aber auch ein Zufall sein. Ein anschauliches Beispiel ist die Geschichte – oder vielleicht auch nur Legende –, wie die Kreditkarte entstand. Ein Mann namens Frank McNamara vergaß einmal in einem New Yorker Restaurant seine Brieftasche. Also musste er quer durch die Metropole fahren, um Bargeld zu besorgen. Er ärgerte sich so sehr über seine Vergesslichkeit, dass ihm ein grandioser Einfall kam: die Kreditkarte. Zunächst war da die Überlegung »Wie könnte ich bargeldlos bezahlen?«. Mit einer vergessenen Brieftasche begann also eine kleine Revolution – sofern die Geschichte wahr ist. Denn es war die Geburtsstunde des Diners Club.

Das Zufallsprinzip ist ein Glücksgriff. So etwas passiert nicht jeden Tag. Und auch die Spezies Steve Jobs ist eher selten, vermute ich. Marktforschung habe ich bereits abgehakt. Deshalb lautet die Schlüsselfrage: Wie entstehen Innovationen?

Durch meine Arbeit im Beirat wurde mir bewusst: Die Idee der Innovation muss neu hinterfragt werden. Eigene Erfahrungen und Erfolge machten es dann offensichtlich: Wir denken von der falschen

Seite aus. Mit »wir« meine ich jetzt vor allem Firmen. Sie denken von innen nach außen. Was heißt das genau? Zuerst wird etwas entwickelt und perfektioniert. Dann präsentieren es die Macher der Weltöffentlichkeit, in der Hoffnung, dass die Neuerfindung möglichst viele Kunden begeistern möge.

Frust ist im Grunde schon vorprogrammiert. Denn nicht selten fehlt ein wichtiges Feature, ein Detail, das man in der Entwicklung nicht berücksichtigt hat. Kein Wunder. Den Kunden hat ja vorher niemand gefragt. Wenn das Produkt öffentlich präsentiert wird, ist es für Änderungen zu spät. Ich selbst halte häufig Motivationsvorträge bei solchen Kick-off-Veranstaltungen und habe schon erlebt, wie hinter vorgehaltener Hand über Mängel eines brandneuen Produkts getuschelt wurde.

Auch hier wäre der Schlüssel für den Erfolg beim Kunden zu suchen. Schon der Begriff »Innovation« lenkt auf eine falsche Fährte. Denn hier steht Innovation im übertragenen Sinn für »von innen«. Wir erfanden ein anderes Wort und nannten es »Exnovation« statt Innovation. Damit habe ich mir harsche Kritik eingehandelt. Exnovation hat sich auch nicht durchgesetzt, dafür entstand der Begriff »Open Innovation«. Dieses Wort lässt schon einmal eine neue Definition zu: »Ich bin offen. Offen für Einflüsse von anderen. Offen für Ideen von außen.«

> **Wir nannten es »Exnovation« statt Innovation. Der neue Begriff hat sich nicht durchgesetzt, dafür entstand der Begriff »Open Innovation«.**

IBM stellte genau das in einer Studie fest: Von den drei wichtigsten Innovationstreibern befinden sich zwei außerhalb des Unternehmens. Wer soll das sein? Es sind Kunden und Partner. Der wichtigste Impulsgeber – so ergab die Studie – ist tatsächlich der eigene Mitarbeiter. Damit ergibt sich folgende Reihenfolge der Impulsgeber: Mitarbeiter, Kunden, Partner. Sie bilden zusammen die Grundlage zukünftiger innovativer Produkte und Geschäftsideen.

Konzentrieren Sie sich für einen Moment auf den Kunden. Als einer der wichtigsten Ideengeber stellt er Unternehmen vor eine ganze

Reihe von Herausforderungen. Wie tief will man ihn einsteigen lassen in die Entwicklung neuer Produkte? Wie viel darf er wissen? Ist der Kunde überhaupt bereit mitzuspielen?

Dreaming Sessions

Vor der Einführung einer neuen Strategie zu umweltverträglicheren Produkten diskutierte das Unternehmen General Electric (GE) mit Kunden. Im Sommer 2004 wurden Chefs aus verschiedenen Branchen zu zweitägigen »Dreaming Sessions« eingeladen, bei denen sie sich das Leben im Jahr 2015 vorstellen sollten – und die Produkte, die sie dann von GE brauchen würden.

Dies sind nur einige Fragen, die Unternehmen bewegen, die bei der Entwicklung neuer Geschäftsfelder Kunden integrieren. In der General-Electric-Welt nach Jack Welch, einem der erfolgreichsten Manager der letzten Jahre, wurde ein neues Programm entwickelt: die »Dreaming Sessions«. Das Ziel: Die Kunden sollten träumen. Dieser Begriff war ganz bewusst gewählt, denn die Mitarbeiter von GE wollten erfahren, was in den Köpfen der Kunden vor sich geht. Später war aus dem Unternehmen zu hören: Im Zuge dieser »Dreaming Sessions« konnten hochinteressante neue Lösungen entwickelt werden.

Ein anderes Beispiel: Autohersteller begleiteten eine Zeit lang Kunden in Indien. Sie lebten sogar in den Haushalten mit Kindern, um zu verstehen, wie ein indischer Kunde über Autos denkt. Das klingt nach sehr viel Aufwand. Doch entsprechend ist auch der Ertrag. Wer allein berücksichtigt, dass ein Inder mit einem Turban Auto fährt, denkt schon anders über die Frage nach, wie ein Dachhimmel gestaltet sein muss.

Es sind die kleinen Dinge, die den Erfolg ausmachen. Entscheidend ist immer die Bereitschaft, auf den Kunden zuzugehen, ihn zu integrieren, seine Ideen aufzugreifen. Dieser offenen Art, mit Kunden zu agieren, verdanken sich ganze Konzepte und Programme.

Entscheidend ist die Bereitschaft, auf den Kunden zuzugehen, seine Ideen aufzugreifen.

Wir selbst fragen permanent unsere Kunden. Wir hören darauf, was sie uns zu sagen haben. Wir laden auch immer wieder Kunden dazu ein, mit uns über die Zukunft nachzudenken. Es gibt eine deutsche Großbank, die das Thema Kundenzufriedenheit auf ihre Art aufgreift: Einmal im Jahr lädt sie 30 Spitzenkunden zu einem Essen mit dem gesamten Vorstand ein. Das greift meiner Meinung nach viel zu kurz. Unternehmen müssen heute sehr viel näher an dem dran sein, was die Kunden wirklich denken. Überlegen Sie einmal: Wann haben Sie sich das letzte Mal mit Ihren Kunden zusammengesetzt? Wie lange ist es her, dass Sie anlasslos gemeinsam mit ihnen darüber nachgedacht haben, wie sich Märkte und Produkte in Zukunft verändern?

Dabei gilt: Einmal ist keinmal. Es genügt nicht, sich einmal jährlich mit Kunden zusammenzusetzen. Nur wer sich Zeit nimmt und rechtzeitig reagiert, bekommt mit, wohin der Wind weht – bevor es die Wettbewerber tun. Nokia hat die Warnsignale nicht gehört. Zumindest ist es dem Unternehmen nicht gelungen, vor der Konkurrenz zu reagieren. Was bedeutet das nun konkret für interne Abläufe? Nun, es ist sicher nicht damit getan, Mitarbeiter mit Kundenkontakt auf Kommunikationsschulungen zu schicken, damit sie aktives Zuhören lernen. Nein, es geht vielmehr darum, dass jeder Mitarbeiter – auch der in der Buchhaltung oder in der letzten Ecke der Produktion – seine Arbeit anders sieht und versteht. Es reicht aber auch nicht, dass jeder Angestellte im Sinne des Clienting denkt. Wichtig ist zudem, im Unternehmen Prozesse zu etablieren, Abläufe zu gestalten, Methoden einzuführen. Das Ziel sollte immer sein, regelmäßig und rechtzeitig Fragen zu stellen:

- »Was können wir unseren Kunden Gutes tun?«

- »Sind unsere Kunden noch bei uns oder schon auf dem Weg zum Konkurrenten?«

- »Was erwarten sie von uns und wie können wir auf diese Wünsche reagieren?«

Service mit Sonnenbrille

Jeder Unternehmer muss zukünftig offener sein für Entwicklungen, die das Tagesgeschäft beeinflussen. Das sind zum einen Trends, die den Markt über kurz oder lang verändern. Denken Sie nur an Apples iPhone: Hier wurde der Trend zur Mobilität antizipiert und dadurch ein völlig neues Marktsegment geschaffen.

Doch nicht nur Großkonzerne können Großes leisten. Ich gebe Ihnen dafür ein Beispiel aus meinem Urlaub: Es war ein sonniger Herbsttag. Ich war gerade aus dem Hotel gegangen und freute mich auf einen langen Spaziergang. Als ich schon auf der Straße stand, merkte ich: Ich hatte meine Sonnenbrille auf dem Zimmer vergessen. Als ich zurück nach oben gehen wollte, um meine Brille zu holen, entdeckte ich in der Lobby einen kleinen Korb. Darin lagen Sonnenbrillen – sowohl für Damen als auch für Herren. Über dem Korb stand auf einem Zettel: »Bitte bedienen Sie sich.« Das ist der Moment, der ein Lächeln auf das Gesicht des Gastes zaubert.

> **Nicht nur große Unternehmen können Großes leisten.**

> ### Hotel Stock
>
> Josef und Barbara Stock eröffneten 1983 die Pforten des Sporthotels Stock in Finkenberg. Angebote für Sport und Wellness sind bis heute Schwerpunkte des Hauses. Das Familienunternehmen Stock ist Mitbegründer der Hotelgruppe »Best Wellness Hotels Austria«. 2012 wurde das Stock Resort zum 5-Sterne-Hotel.

In diesem Hotel ist der Kunde eine Herzenssache. Jeder Mitarbeiter des Hauses ist motiviert, im Sinne des Gastes zu handeln. Jeder Verbesserungsvorschlag wird sofort aufgegriffen, innerhalb des Teams diskutiert und – wenn möglich – schnellstens umgesetzt. Viele Kleinigkeiten addieren sich hier zu einem großartigen Gesamteindruck: Das Hotel Stock im schönen Zillertal ist eines der besten Hotels in

Österreich. Die treibende Kraft dieses Erfolgs ist der permanente Wille, das Beste für den Kunden zu tun. Immer und überall.

Die Zahlen des Hauses bestätigen meine persönliche Einschätzung. Das Hotel hat eine Auslastungsquote von 93 Prozent. Ein Wert, der in dieser Branche ansonsten eher utopisch ist.

Sie sehen: Erfolg hat nichts mit der Größe des Unternehmens zu tun. Es zählt vielmehr die innere Einstellung gegenüber dem Kunden. »Start with the customer« lautet das Leitmotiv des Amazon-Gründers, der vor kurzer Zeit in den USA einen Liveberater-Service per Video eingeführt hat. Von der Deutschen Telekom gibt es mittlerweile eine Softwareplattform namens »Teamlike«. Sie funktioniert praktisch wie Facebook. Über eine interne Plattform können sich Mitarbeiter und Verkäufer austauschen und Ideen entwickeln. Kunden werden über den persönlichen Kontakt hinaus Partner bei der Entwicklung neuer Produkte. Eine moderne Form des Ideenaustauschs.

Finden Sie etwas Neues »out of the box«. Vielleicht einen Trend, der gerade auftaucht. Auf jeden Fall eine Technik, die jetzt erst bezahlbar ist. Eine Vertriebsform, an die noch keiner dachte. Stellen Sie das Normale infrage. Kombinieren Sie bestehende Produkte mit aktuellen Ideen. Gestalten Sie den Wandel mit. Und vergessen Sie nie: Der Kunde ist nicht nur König, sondern auch Ihre Energiequelle, Ihr Ideengeber. Kurz: Ihr Komplize.

Auf den Punkt

- Erwarten Sie von Ihren Kunden keine Lösungen, nur Ideen.
- Innovation erfordert Vorstellungskraft.
- Seien Sie offen für Einflüsse von außen.
- Es sind die kleinen Dinge, die den Erfolg ausmachen.
- Der Kunde ist Ihr Ideengeber.

11. Neukundengeschäfte

Wie kann man mit Clienting Neukunden gewinnen? Diese – durchaus berechtigte – Frage höre ich mehrmals pro Woche. Immer dann, wenn ein Interessent sich von der Geffroy GmbH beraten lassen möchte. Das Konzept des Clienting stellt den Einzelnen in den Mittelpunkt. Es zeigt Ihnen, wie Sie Kundenbeziehungen pflegen können. Aber was ist, wenn diese noch gar nicht bestehen?

Start-ups etwa müssen ganz neu akquirieren. Aber auch alteingesessene Unternehmen verlieren Kunden – selbst wenn sie alles richtig machen. Das muss an sich nichts Schlechtes sein. Eine natürliche Kundenfluktuation kann für Unternehmen durchaus vorteilhaft sein: Sie motiviert dazu, systematisch neue Kunden zu gewinnen. Nicht wenige Unternehmen scheitern, weil sie gänzlich von ein bis zwei Großkunden abhängig sind. Auch wenn Beziehung und Qualität der Arbeit bestens sind, passiert es immer wieder: Kunden brechen plötzlich weg. Das kann mit Umständen zusammenhängen, auf die das Unternehmen keinen Einfluss hat, wie etwa ein Strategiewechsel oder ein neuer Entscheider im Kundenunternehmen. Von einem Tag auf den anderen gerät das Unternehmen in Turbulenzen, womöglich ist sogar die Existenz gefährdet. Das sollte Ihnen nicht passieren: Deshalb komme ich jetzt zu einem Erfolgsmodell für einen gesunden Mix aus Stammkundenpflege und Neukundengewinnung. Den Anstoß geliefert hat Vilfredo Pareto – ein Italiener, der meist falsch interpretiert wird.

Eine natürliche Kundenfluktuation kann für ein Unternehmen auch vorteilhaft sein.

Wie Sie sich Ihren Erfolg ausrechnen

In meiner aktiven Verkaufsära war Pareto unabdingbar, wenn es um die Planung des Geschäfts ging. Mittlerweile habe ich den Eindruck, dass diese Gesetzesregel kaum noch beachtet wird. Pareto hat Folgendes entdeckt: Bei einem Projekt werden 80 Prozent der Ergebnisse in 20 Prozent der zur Verfügung stehenden Zeit erreicht. Das Pareto-Prinzip besagt zudem: Viele Aufgaben lassen sich mit einem Einsatz von 20 Prozent so erledigen, dass 80 Prozent der Probleme gelöst werden.

> **Pareto-Prinzip**
>
> Das Pareto-Prinzip ist benannt nach Vilfredo Pareto (1848–1923), einem italienischen Ingenieur, Ökonomen und Soziologen. Das Pareto-Prinzip wird auch Pareto-Effekt genannt. Die 80/20-Regel besagt: 80 Prozent der Ergebnisse werden in 20 Prozent der für ein Projekt zur Verfügung stehenden Zeit erreicht. Die noch verbleibenden 20 Prozent der Ergebnisse erfordern 80 Prozent der gesamten Zeit, verursachen also die meiste Arbeit.

Ich verstehe Pareto so: Er hat einen natürlichen Prozess auf das Business übertragen. Die Natur verschwendet nämlich keine Energie. Im Gegenteil, sie muss Energie sparen und sinnvoll einsetzen, sonst würde unser globales System explodieren. Das Gleiche gilt auch im Business: Wer sich konzentriert, wächst. Wer sich verzettelt, schrumpft.

Wer sich konzentriert, wächst. Wer sich verzettelt, schrumpft.

Pareto präzisierte diese Erkenntnis. Er konnte nachweisen, dass die 80/20-Regel praktisch immer gilt – und zwar für die verschiedensten Bereiche. Mit 20 Prozent Ihrer Kunden machen Sie 80 Prozent Ihres Umsatzes oder Gewinns. Leider erzielen die verbleibenden 80 Prozent nur noch 20 Prozent des Geschäftsergebnisses. Unternehmern ist dieses Pareto-Gesetz zwar meist bekannt, allerdings ziehen sie daraus falsche Konsequenzen.

Betrachten Sie das Pareto-Gesetz wie ein Foto. Immer wenn Sie es schießen, stimmt die 80/20-Regel. Es ist eine Momentaufnahme. Ein Zeitpunkt, zu dem Sie klar definieren können, welche 20 Prozent Ihre Topprodukte sind. Die Waren also, welche die wichtigste Rolle für Ihr Geschäftsergebnis spielen. Genauso können Sie feststellen, welche 20 Prozent Ihrer Topkunden ausschlaggebend für Ihren Erfolg sind. Schon ein halbes Jahr später könnte diese Momentaufnahme anders aussehen. Die Pareto-Regel würde sicher wieder stimmen, doch inzwischen belegen womöglich andere Waren oder Kunden die Spitzenplätze. Bei dieser Betrachtungsweise fehlt also ein entscheidendes Element: die Zeit.

Deshalb schlage ich vor: Fügen Sie den Faktor Zeit hinzu. So können Sie das Pareto-Prinzip besser für Ihr Geschäft nutzen. Dann lautet die Regel nicht 80/20, sondern 20/60/20. Legen Sie dabei Ihren Fokus künftig nicht nur auf bestehende Kunden und Produkte, sondern integrieren Sie auch den Faktor Entwicklungspotenzial.

Wenn Sie die 20/60/20-Regel beachten, unterteilen Sie die ersten 20 Prozent in Topkunden und Topprodukte. Jetzt springen Sie zu den anderen 20 Prozent. Das sind die V-Kunden beziehungsweise V-Produkte. »V« steht hierbei für »verzichten«. Das bedeutet: Verzichten Sie auf 20 Prozent Ihrer Produkte und Kunden. Ich weiß, der Gedanke, Kunden (oder Produkte) aufzugeben, klingt zunächst befremdlich. Sie sollten es trotzdem tun, denn sie gewinnen dadurch Zeit. Wertvolle Zeit, die Sie brauchen, um Ihr Programm »Herzenssache Kunde« zu realisieren – und zwar mit den richtigen Kunden!

Das größte Wachstumspotenzial liegt allerdings in der Mitte: bei den 60 Prozent. Diese Kunden laufen in der Regel einfach irgendwie mit. Sie machen Umsatz mit ihnen, das Potenzial einer großen Geschäftsbeziehung wird aber nicht ausgeschöpft. Warum nicht? Ganz einfach: Auf diese Kunden geht niemand gezielt zu.

Meine Erfahrung als Berater zeigt: Wenn Sie sich auf weitere 20 Prozent dieser High-Potential-Kunden fokussieren würden, gäbe es hier eine Chance auf zweistelliges Wachstum. Wenn Sie also 20 Prozent aus den 60 Prozent der entwicklungsfähigen Kunden herausarbeiten, gibt es immer noch 40 Prozent mit Potenzial für die Zukunft. Der Pareto-Regel mit 80/20 stelle ich damit die Erfahrungen von 20/20/40/20 gegenüber: 20 Prozent sind heute schon top, 20 Prozent sind High Potentials und werden gezielt neu akquiriert, 40 Prozent bieten Zukunftspotenzial – und auf die letzten 20 Prozent verzichten Sie. Eigentlich ist es gar nicht kompliziert. Analysieren Sie so Ihr eigenes Unternehmen.

Der Pareto-Regel mit 80/20 stelle ich die Erfahrungen von 20/20/40/20 gegenüber.

Sie kennen sicherlich den Grundsatz, dass mehr Geschäft mit bestehenden Kunden immer einfacher ist als das klassische Geschäft mit Neukunden. Das lässt sich gut begründen mit der Theorie des Clienting. Denn hier kommt die Beziehung ins Spiel. Diese haben Sie mit einem bestehenden Kunden bereits aufgebaut. Ich wundere mich immer wieder, wie sehr diese Geschäftsgrundlage vernachlässigt wird.

Wichtig ist noch ein weiterer Punkt: Gehen Sie nun neue Wege, um interessante Kunden zu gewinnen! Statt sich an klassischer Werbung zu orientieren, nutzen Sie ein Medium mit großem Wachstumspotenzial: das Internet. Stellen Sie eine conversion-optimierte Landing Page ins Netz – also eine Verkaufsseite, deren Ziel es ist, aus Besuchern Kontakte zu gewinnen. Und dann bieten Sie den Kunden etwas an, was diese wirklich interessiert. Schon können Sie sich über neue Kontakte freuen!

Die Google-Suche

Über die natürliche Suche bei Google besser gefunden zu werden und damit neue Kontakte zu generieren ist gar nicht so schwer. Be-

achten Sie nur die Spielregeln, die ich Ihnen in diesem Buch vorgestellt habe. Dann können Sie sich auch im Internet eine eigene
– Achtung, Monsterwort! – Neukundengewinnungssystematik aufbauen. Kurz gesagt: Ihr Ziel ist es, immer leichter gefunden zu werden. Möglich wird dies, indem Sie Ihre Internetseite permanent optimieren. Je mehr Sie bereit sind, Ihr Wissen preiszugeben, je mehr
Know-how Sie anbieten, das Ihren Kunden hilft, umso besser stehen
Ihre Chancen, aus Kontakten neue Kunden zu machen.

In der digitalen Welt stehen Ihnen zudem praktische Schnellstart-
programme zur Verfügung. Google AdWords bietet etwa die Möglichkeit, gezielt für Keywords zu werben. Dies ist frappierend einfach. Und so funktioniert es: Sie bezahlen nur für die Weiterleitung
auf Ihre Seite, wenn jemand dieses Keyword anklickt.

Tatsächlich investieren Unternehmen Hunderttausende von Euro,
um über diese Keyword-Suche gefunden zu wer- **Wussten Sie, dass die**
den. Was auf der rechten Seite der Google-Ergeb- **oberen Treffer auf einer**
nisseite steht, wird schnell als Werbung erkannt. **Google-Seite meist**
Wussten Sie aber auch, dass die drei oberen Tref- **geschaltete Werbung**
fer auf einer Google-Seite meist geschaltete Wer- **sind?**
bung sind?

Arbeiten allerdings alle mit dem gleichen Keyword, unterscheiden
sie sich nicht. Wenn Sie über diesen Weg Kunden gewinnen wollen, sollten Sie sich etwas Neues einfallen lassen. Etwas, das zwar auf
dem gesuchten Keyword basiert, aber nicht nur. Ein Beispiel: Googeln Sie einmal das Keyword »Baufinanzierung« – das übrigens
sehr teuer ist. Es werden Ihnen unzählige AdWords-Anzeigen geliefert. Ein regelrechtes Überangebot – von der Deutschen Bank über
die Commerzbank bis hin zu vielen anderen Finanzdienstleistern.
Ich kann Ihnen sagen: In diesen Service fließen Millionenbeträge.
An Ihrer Stelle würde ich in der Formulierung der Anzeige, die unter
dem Keyword »Baufinanzierung« geschaltet ist, einen erkennbaren
Nutzen bieten. Wählen Sie etwa die Wortgruppe »Baufinanzierung

Tipps«, wirkt dies schon als erstes positives Unterscheidungsmerkmal. Das Auge erfasst den Unterschied schnell. Und schon haben Sie Ihre Chance auf einen Klick erhöht. Ist der potenzielle Kunde erst einmal auf Ihrer Seite, gilt es, möglichst schnell eine Beziehung mit ihm aufzubauen.

Die Facebook-Kampagne

Wenn es Ihnen zu lange dauert, über die natürliche Google-Suche gefunden zu werden und/oder Google AdWords zu teuer sind, können Sie in die Social-Media-Welt gehen. Denn Facebook ist eine interessante Alternative zu Google.

Facebook hat mittlerweile ein recht genaues Profil von vielen Nutzern. Zum gegenwärtigen Zeitpunkt gibt es über eine Milliarde Menschen, die Facebook nutzen. Ihnen als Unternehmer bietet Facebook die Möglichkeit, ein Profil Ihres Idealkunden zu definieren. Je konkreter Ihre Vorstellung von dem Kunden ist, den Sie gewinnen wollen, umso genauer können Sie Ihr Wunschkundenprofil festlegen.

Sobald das Profil steht, schaltet Facebook bei den passenden Usern Ihre Anzeige. Obwohl der potenzielle Neukunde nicht aktiv gesucht hat, erhält er ein Angebot. Mit ein bisschen Glück interessiert es ihn auch. Die Anzeige selbst wird meist so geschickt verpackt, dass Sie schon genau hinschauen müssen, um zu erkennen, ob es sich hier nun um den Post eines Freundes handelt oder doch um Werbung.

Bieten Sie nun einen sofortigen Nutzen? Dann erhöht sich die Wahrscheinlichkeit, dass User Ihre Seite anklicken. Sie sehen: Je genauer Sie wissen, wen Sie suchen, desto größer sind die Chancen, diesen Kunden zu finden.

Topentscheider gewinnt man anders

Alle aufgezeigten Wege bieten Möglichkeiten, neue Kunden zu akquirieren, eine Beziehung aufzubauen und einen Abschluss zu erzielen. Ich habe mich hier bewusst auf Google und Facebook konzentriert. Natürlich gibt es online noch weitere Optionen, wie etwa das Netzwerk Xing. Nach meinen Erkenntnissen liegt der Erfolg in der Kombination von Offline- und Onlineaktivitäten.

Welche Möglichkeiten aber haben Sie, wenn Sie Kunden einer speziellen und schwierigen Zielgruppe zu gewinnen suchen? Beispielsweise Topentscheider, also Unternehmensinhaber, Manager, Vorstandsvorsitzende. Diese Menschen werden sich eher nicht auf Ihrer Homepage oder Facebook-Seite tummeln. Wie also bauen Sie erfolgreiche Beziehungen mit hohen Tieren, die von Assistenten abgeschottet werden, auf?

Am besten ist immer, Ihr guter Ruf eilt Ihnen voraus.

Meist geht das nur über Empfehlungen und persönliche Referenzen. Ist Ihr Angebot extrem attraktiv, kann es auch passieren, dass Sie von alleine angesprochen werden – an dieser Stelle ein Hoch auf die Mundpropaganda! Sicherlich sind auch persönliche Netzwerke hilfreich. Sie können auch bei einem Networking-Treffen Glück haben und einen neuen Kunden gewinnen. Am besten ist immer, Ihr guter Ruf eilt Ihnen voraus.

Doch wie können Sie diesen erwerben? Natürlich gibt es dafür kein Patentrezept. Eine Empfehlung von mir lautet: Schreiben Sie! Es ist kein Zufall, dass die meisten meiner Kunden auf unsere Anregung hin ein Buch verfasst haben. Beispielsweise hat Konrad Reiber, Inhaber der Firma Reico Vital-Systeme, bereits zwei Bücher veröffentlicht: *Auf dich kommt es an* und *Entdecken Sie Ihre Gesundheit neu*. Das erste Buch dürfte inzwischen ein Bestseller sein. Mit einer Publikation können Sie Ihre Kompetenz unterstreichen. Prospekte sind gut, Bücher besser!

Vielleicht könnten Sie einem renommierten Player auch eine eigene App anbieten. Inzwischen gibt es dazu gute und kostenlose Software. Diese ermöglicht es Ihnen, Ihre Facebook-Seiten in eine eigene App zu integrieren. Ohne Mehraufwand. Ohne Kosten. Topentscheider sind allerdings nicht selten Menschen mit hohen Ansprüchen. Entwickeln Sie eine spannende Idee für den ersten Kontakt. Schicken Sie etwa statt eines Flyers ein Dollarnote und bauen Sie eine Sales-Story drum herum. Genau das ist unser Job seit 30 Jahren: kreative Akquisitionskonzepte.

In sieben Schritten zum Kunden

Jetzt möchte ich Ihnen noch eine Methode für die Akquise von Neukunden aus jeder Branche geben. Stellen Sie sich vor, Sie stoßen auf einen potenziellen Kunden, doch er wirkt nicht interessiert. Was **Sie brauchen sieben** tun? Auf keinen Fall aufgeben! Studien belegen, **Kontakte, bis der Kunde** dass Interessenten im Schnitt sieben Kontakte **bei einem komplexen** brauchen, bis sie bei einem komplexen Produkt Ja **Projekt Ja sagt.** sagen und Kunden werden.

Ich betone: Es geht hier um einen Neukunden, der das Produkt oder die Lösung bisher noch nicht kennt. Bei einem bereits gewonnenen Kunden sind keine sieben Kontakte erforderlich. Um beispielsweise Ihrem besten Kunden ein neues Produkt vorzustellen, genügen in der Regel ein oder zwei Kontakte. Ist Ihre Beziehung zum Kunden nicht so eng, brauchen Sie vielleicht drei bis vier. Nur bei Neukunden gilt es nun, über sieben Brücken zu gehen.

Interessant ist in diesem Zusammenhang auch eine vergessene Zielgruppe: Kontakte, bei denen es zu keinem Abschluss kam, obwohl mehrere Gespräche geführt worden sind. Die Zielgruppe »Kontakt ja – Abschluss nein« ist bereits in ein »Beziehungsaufbausystem« mit Ihnen eingestiegen, sie befindet sich vielleicht auf Stufe drei oder vier. Erfahrungsgemäß wird zu diesem Zeitpunkt meist die systematische Neukundengewinnung gestoppt. Denn es ist der Eindruck entstanden: Dieser Kontakt führt nicht mehr zum Ziel. Ein Fehlschluss. Unsere Erfahrung zeigt: Allein die konsequente Fortführung des Kontakts bringt mehr Geschäft.

Wie kommen Sie nun zu sieben Kontakten? Sie können ein siebenstufiges Beziehungssystem über das Internet aufbauen, indem Sie beispielsweise zu einem Thema Ihrer Wahl kostenlos einen siebenteiligen E-Mail-Lernkurs anbieten, möglicherweise auch in Kombination mit einem Webinar.

Webinar

Webinar oder auch Web-Seminar nennt man ein Seminar, das über das World Wide Web gehalten wird. Es wird interaktiv gestaltet. Das heißt, eine beidseitige Kommunikation zwischen Teilnehmern und Veranstaltern ist vorgesehen.

Callcenter und Werbemailings haben weitgehend ausgedient, neue Wege sind gefragt! Wichtig ist vor allem: Der potenzielle Kunde sollte schon mit dem ersten Kontakt begeistert werden. So sehr, dass er einem ersten Termin zustimmt. In der klassischen Akquise haben wir dafür eine spannende Variante entwickelt: den Eyecatcher.

Ein Zug kommt – mit der Post!

Wir hatten eine besondere Beipack-Idee und verschickten diese in Form eines klassischen Briefs. Gemeint ist hier kein Prospekt oder Flyer – das wäre ja Werbung. Nein, im Umschlag steckte ein Geschenk. Natürlich passend zum Thema.

Konkret: Für eine große Vermögensberatung verschickten wir jeweils eine Original-Euromünze an Millionäre. Dahinter stand der Gedanke: Was wird aus Ihrem Geld, wenn es in Euro umgewandelt wird? Die angesprochenen Kunden reagierten schnell auf diese Art der Kontaktaufnahme. Sie suchten sogar von sich aus einen Termin beim Berater. Warum hat das so gut funktioniert? Ich denke, weil ihre eigene Hausbank sie auf das Thema bisher nicht angesprochen hatte. Zudem gefiel ihnen die kreative Idee.

Im Anhang finden Sie per QR-Download einen Akquisitionsbrief. Er erzielte einen sensationellen Rücklauf von 90 Prozent und gilt als der erfolgreichste Werbebrief aller Zeiten. Er bestätigt ein Prinzip, das im Clienting berücksichtigt wird: Geschenke bringen positives Feedback. Aber schauen Sie selbst!

Noch ein paar Beispiele: An ein marktführendes Immobilienunternehmen verschickten wir ein Kinderspielzeug, einen kleinen Zug mit drei Anhängern, verbunden mit der Idee »Springen Sie auf den Europazug auf«. Für Jaguar Deutschland gaben wir 16.000 original englische Marmeladentöpfe in die Post. Damit sagten wir den Empfängern: »Stellen Sie sich vor, Ihr neuer Jaguar steht vor Ihrer Haustür. Sie genießen gerade Ihr Frühstück mit original englischer Marmelade und sehen, wie die Morgensonne Ihr neues Auto anstrahlt.« Die Resonanz war phänomenal. Merken Sie sich: Der neue Kunde ist auch ein Mensch, der begeistert werden will.

Auf den Punkt

- Beachten Sie die 20/20/40/20-Regel.
- Starten Sie eine Kampagne im Internet.
- Ein eigenes Buch unterstreicht Ihre Kompetenz.
- Sie brauchen sieben Kontakte, bis der neue Kunde Ja sagt.
- Schenken mit Nutzwert führt zu positivem Feedback.
- Der Kunde will verblüfft werden!

12. Kairos – die Sekunde, die entscheidet

Hohe Qualität, toller Service, ein gutes Preis-Leistungs-Verhältnis – einst waren das die wichtigsten Erfolgsfaktoren für aufstrebende Unternehmen. Inzwischen sind das Standards. Was einmal als Auszeichnung galt, wird heute als selbstverständlich erachtet. Ohne Spitzenqualität, ohne Topservice und ohne ein sehr gutes Preis-Leistungs-Verhältnis sind Unternehmen schnell wieder weg vom Markt. Diese Bilanz wirft drängende Fragen auf: Wenn alle früheren Wettbewerbsvorteile eines Unternehmens nun zu Basics geworden sind, was ist dann noch ein Alleinstellungsmerkmal? Wie können Sie sich als Unternehmer überhaupt noch einen Wettbewerbsvorteil verschaffen?

Meiner Überzeugung nach gelingt dies über den Umgang mit dem Faktor Zeit. Seit Jahrzehnten ist Zeit in der Wirtschaft ein wichtiges Thema. In den 1990er-Jahren boomten Zeitmanagementseminare und Zeitplanung, allen voran das Time/system. Den Grundstein dafür legte der Däne Ole Berg. Es entstand ein Organisationswerkzeug, das die wichtigsten Informationen wie Kalender und Kontaktdaten auf kleinstem Raum unterbrachte. Mein Kollege Lothar Seiwert wiederum schuf sich eine eigene Erfolgswelt, indem er als Autor neue Standards setzte – mit dem Weltbestseller *Mehr Zeit für das Wesentliche*.

Mehr Kontakt bringt mehr Geschäft!

In dieser Ära schien die Welt noch übersichtlich, organisierbar, planbar. Eine ganze Managergeneration lernte, Prioritäten zu setzen, zu delegieren und zeitsparend zu arbeiten. Die angesagten Schlagworte lauteten Effizienz und Produktivität. Auch ich profitierte von diesem

Boom. Denn in dieser Zeit gründete ich meine eigene Unternehmensberatung. Schon damals war klar: Die Zeit, die ein Unternehmer Auge in Auge mit einem Kunden verbringt, ist erschreckend gering. Oftmals liegt sie weit unter 20 Prozent. Also entwickelten wir Programme, um mehr Zeit für das Verkaufsgespräch zu schaffen. Schnell stellten sich Erfolge ein, getreu der Devise »Mehr Kontakt bringt mehr Geschäft«.

Erinnern Sie sich an das Just-in-time-Prinzip? Ursprünglich stammt dieses Konzept von dem japanischen Automobilhersteller Toyota. Mit diesem Ansatz wurden Produktions- und Belieferungsprozesse in der Automobilindustrie revolutioniert. Dank dem spanischen Manager José López hatte dieses Konzept, das er für VW umsetzte, auch in Deutschland Konjunktur. Anfangs galt es gemeinhin noch als Gängelung der Lieferanten, doch es entwickelte sich dann zu einem erfolgreichen Modell für die künftige Autoproduktion. Entscheidend dafür war der Erfolgsfaktor Zeit. Dieser wurde als Schlüssel genutzt für neue Perspektiven und bessere Chancen auf gute Geschäfte.

Just-in-time-Prinzip

Das Just-in-time-Prinzip ist ein Organisationsprinzip für produzierende Einheiten, bei dem das Material nur in der Stückzahl und in dem Zeitpunkt produziert und geliefert wird, wie es die Kundenaufträge erfordern. Angestrebt ist dabei, die Durchlaufzeiten zu verkürzen und Materialbestände zu verringern. Das Prinzip erfordert hohe Flexibilität und Kooperation von Herstellern, Lieferanten und Abnehmern.

Nach dem Boom von Effizienz und Produktivität veränderte sich das Bild in der Wirtschaftswelt erneut. Mit einem Mal entstanden Work-Life-Balance-Modelle. Diese englischen Begriffe werden bis heute genannt, um auf die Bedeutung des Gleichgewichts zwischen Beruf und Privatleben zu verweisen. Während es vorher darum ging, so viel wie möglich so schnell wie möglich zu erledigen, galt nun die Devise: Über Glück und Erfolg entscheidet die gesunde Mischung aus Arbeits- und Lebenszeit.

Ist dieser Gedanke heute realisiert? Haben die Menschen in der westlichen Welt ein gesundes Gleichgewicht gefunden? Das sollen andere beurteilen. Ich denke, letzten Endes ist die Zeitplanung eine private Entscheidung: andere Persönlichkeiten, andere Prioritäten. Sicher ist: Alle bisherigen Ansätze für den guten Umgang mit der Zeit genügen noch nicht. Denn sie berücksichtigen nach wie vor den größten Wandel unserer Wirklichkeit, die digitale Revolution, nicht. Sie hat verändert, wie Menschen arbeiten und entspannen. Wie sie reisen und recherchieren. Vor allem aber wie sie mit ihrer Zeit umgehen. Und mit dem Internet.

Die digitale Revolution verändert, wie Menschen mit der Zeit umgehen.

Schnell, schneller, Streichholz

Über das Internet haben User pausenlos – Tag und Nacht – Zugang zu Informationen aller Art. Stichwort Evernet. Der Mensch im digitalen Zeithalter ist es gewohnt, grenzenlos zu recherchieren. Stunde um Stunde wächst das online verfügbare Wissen. Die Möglichkeiten erweitern sich, die Geduld der Menschen dagegen nimmt ab. Das zeigt sich in der Kommunikation. Vielleicht erinnern Sie sich noch, wie viel Zeit früher zur Verfügung stand, um etwa ein Fax zu beantworten oder auch einen Brief. Inzwischen erwartet jeder sofort eine Antwort. Schnelle Reaktionen sind heute Routine.

Wird eine E-Mail nicht innerhalb einer Stunde beantwortet, wird man schon leicht nervös. Und wenn jemand lange braucht, um auf eine private WhatsApp-Nachricht oder SMS zu reagieren, sind Konsequenzen zu befürchten. Besorgte Freunde oder Familienangehörige nehmen dann schon einmal Kontakt zu den lokalen Krankenhäusern auf – weil ein Unfall wahrscheinlicher erscheint als schlicht die Unlust des Adressaten, schnell zu reagieren. Nein, ich übertreibe nicht. Tatsächlich habe ich solche Geschichten in meinem Bekanntenkreis bereits erlebt.

In dieser neuen schnellen Welt ergeben sich aber auch Chancen. Deshalb: Willkommen in der Echtzeit! Kunden werden bald kein Verständnis mehr dafür aufbringen, wenn sie eine Support-Anfrage schicken und die Antwort erst zwei Tage später kommt. Schlaue Unternehmer haben längst erkannt: Echtzeitreaktionen sind künftig unabdingbar. Cosmos Direkt etwa hat einen 24-Stunden-Telefonservice installiert. Die Firma schreibt es sich auf die Fahnen, Kundenanfragen – egal ob per Brief, Fax oder E-Mail – spätestens innerhalb einer Stunde zu beantworten. Unabhängig von der Uhrzeit.

Pfiffige Unternehmen erkennen Echtzeitmodelle als Chance – nicht als Gängelung durch ungeduldige Kunden. Pfiffige Unternehmen erkennen Echtzeitmodelle als Chance und nicht als Gängelung durch ungeduldige Kunden. Es kann ganz einfach sein, durch den intelligenten Umgang mit dem Faktor Zeit Kunden Vorteile zu verschaffen – und damit die Nase vorn zu haben. Die Sanitärgruppe Cordes & Graefe sicherte sich einen Wettbewerbsvorteil, indem sie Handwerker täglich eine Stunde früher belieferte.

Egal ob Sie von den neuen Entwicklungen gestresst oder angeregt sind, Echtzeitmodelle werden Stück für Stück unseren Alltag erobern – die Businesswelt sowieso. So hat Amazon in den USA bereits einen Videoberatungsservice eingeführt. Auf Knopfdruck stehen Kundenberater sofort zur Verfügung. Einige unserer eigenen Kunden erwarten bereits den Start der Liveberater-Software eines deutschen Unternehmens. Soweit ich weiß, gibt es bereits erste Großkonzerne, die dieses Konzept gebucht haben. Sicher ist: Im Internet wird es mehr und mehr Echtzeitberatung und Echtzeit-Conversion geben. Auch bei Bestellungen in Shops spielt Schnelligkeit bald die entscheidende Rolle. Trotzdem ist Zeit immer noch der am meisten unterschätzte Erfolgsfaktor.

Hier ein kleines Experiment, das die enormen Dimensionen der neuen Echtzeitwelt veranschaulicht: Nehmen Sie ein Streichholz, zünden Sie es an und stoppen Sie, wie lange es brennt. Ich komme auf etwa sieben Sekunden. Angenommen, Sie haben gerade ein Produkt auf den Markt gebracht. Stellen Sie sich nun vor, Sie müssten einem potenziellen Kunden erklären, warum er den brandneuen Artikel kaufen soll – und warum ausgerechnet von Ihnen. Entzünden Sie jetzt ein weiteres Streichholz. Die Zeit läuft. Haben Sie eine Antwort parat, die in sieben Sekunden überzeugt? Wenn nicht, sollten Sie daran arbeiten. Wer nicht sofort auf den Punkt kommt, verkauft ein Produkt nur schwer. Wer weit ausholen muss, hat schon verloren.

Sie haben genau eine Streichholzlänge Zeit, um die Vorzüge Ihres Produkts zu präsentieren.

Ich gebe zu: Diese Schlüsselfrage in wenigen Sekunden zu beantworten, ist eine echte Herausforderung. Der Ihnen schon bekannte Dr. Ullrich hat sie auf seine Art bewältigt. Auf seiner Homepage steht deutlich sichtbar: schmerzfrei leben. So weiß der User sofort, worum es hier geht.

Dieser Ansatz, möglichst schnell auf den Kern zu kommen, ist schon länger bekannt, wird jedoch erstaunlich selten umgesetzt. Die Amerikaner reden in diesem Zusammenhang vom *Elevator Pitch*. Gemeint ist: Sie haben genau eine Aufzugfahrt Zeit, um die Vorzüge Ihres Produkts zu präsentieren. Und die Rede ist hier von drei Stockwerken, nicht von Wolkenkratzern! Ich persönlich halte das immer noch für zu lang und bevorzuge den »Match Pitch« (deutsch: Streichholz-Pitch), der wesentlich kürzer ist. Dazu habe ich übrigens auch ein Video produziert. Rufen Sie es einfach über den Anhang ab!

Zurück in die Zukunft – mit Chronos und Kairos

Unser Umgang mit der Zeit verändert sich – aber einige alte Vorstellungen haben auch in der Gegenwart Gültigkeit. Was meine ich damit? Nun, die Zeit hat zwei Dimensionen. In meinen bisherigen Ausführungen habe ich mich auf die erste konzentriert: den Ablauf der Zeit. Für Unternehmer bedeutet das: Wer seinen Wettbewerber beim Faktor Zeit übertrumpft, verschafft sich Vorteile. Wer die eigene Reaktionszeit verkürzt, steigert seinen Erfolg beim Kunden.

Für Geschäftsleute lohnt sich ein Blick zurück zu den alten Griechen. Diese hatten nämlich zwei echte Zeitexperten. Der erste ist der Experte für den Ablauf der Zeit: Chronos.

Chronos

Chronos (von griechisch Χρόνος, Zeit) ist in der griechischen Mythologie einer der beiden Götter der Zeit. Er versinnbildlicht den Ablauf der Zeit – auch das Verstreichen der Lebenszeit der Menschen. In der ältesten Darstellung aus hellenistischer Zeit zeigt er sich als Figur mit großen Flügeln. In der bildenden Kunst erscheint er seit Mitte des 14. Jahrhunderts mit Sichel und Stundenglas.

Seine Welt war die Zeitschiene. Sie könnten von ihm einiges darüber lernen, wie Sie Ihre Produktivität steigern. Fragen Sie mich jetzt aber bitte nicht, wie! Leider habe ich keinen so guten Draht nach oben in die Welt der griechischen Götter. Aber ich kenne die Geschichte von Henry Ford. Er hat Chronos wohl nicht konsultiert, aber mit einer Erkenntnis die Automobilwelt revolutioniert: Wenn Menschen immer die gleiche Tätigkeit ausführen, steigt die Produktivität erheblich. Natürlich muss nicht jeder dieser Meinung sein. Dennoch: Ford schuf ein neues Arbeitsmodell – und ermöglichte so die Massenproduktion von Autos. Weil er mit der Zeit anders umging als seine Zeitgenossen und so die Leistung seiner Mitarbeiter steigern konnte. Heute erledigen Roboter die Arbeit, die früher Fords Angestellte übernahmen. Doch Anerkennung gebührt Ford nach wie vor.

Ich selbst habe auch oft darüber nachgedacht, wie sich Zeit effektiver nutzen lässt, wie sich Abläufe reibungsloser organisieren lassen.

Ich könnte auch sagen: Chronos schien mir der wichtigste Ratgeber. Doch ich vergaß seinen faszinierenden Kollegen Kairos, den zweiten griechischen Gott der Zeit.

Kairos

Kairos (griechisch Καιρός) ist ein religiös-philosophischer Begriff für den günstigen Zeitpunkt einer Entscheidung, dessen ungenütztes Verstreichen nachteilig sein kann. In der griechischen Mythologie wurde der günstige Zeitpunkt als Gottheit personifiziert. In der Renaissance wurde Kairos auch als Occasio – günstige Gelegenheit, auch zur Sünde – in Form einer Frau dargestellt.

Heute denke ich, Kairos ist die noch spannendere Figur. Genau genommen ist er gar kein Gott der Zeit, sondern der Gott des günstigen Zeitpunkts. Salopp gesagt ist Kairos der Gott des richtigen Timings. Der Kairos-Moment kann in einer einzigen Sekunde alles entscheiden. Möglicherweise haben Sie solche besonderen Augenblicke selbst schon erlebt. Es wird etwas präsentiert und sofort wissen Sie: Hier entsteht Neues. Hier muss ich einsteigen. Oder der berühmte Geistesblitz schlägt ein. Was tun Sie dann?

Kairos bedeutet, dass es nur ein bestimmtes Zeitfenster gibt, um Chancen zu nutzen.

Es kommt jetzt darauf an, rechtzeitig zu reagieren. Kairos bedeutet nämlich auch, dass es nur ein bestimmtes Zeitfenster gibt, um Chancen zu nutzen. Zuvor hätte es Ihnen nichts gebracht – und auch danach wäre es wieder sinnlos. Nur in einem ganz bestimmten Moment eröffnen sich geniale Möglichkeiten. Wer zu früh einsteigt, erlebt womöglich, dass der Markt noch nicht reif ist – vielleicht fehlen zum Beispiel passende Technologien oder auch der Bedarf aufseiten der Kunden. Auf diesem Gebiet musste ich selbst Lehrgeld zahlen: In den 1990er-Jahren versuchte ich nämlich, Videokonferenzsysteme zu vermarkten. Allerdings musste ich feststellen: Weder gab es die Technik, um Videobilder ruckelfrei zu übertragen, noch wollten Entscheider zu diesem Zeitpunkt auf den persönlichen Kontakt verzichten. Mit anderen Worten: Der Kairos-Moment war noch nicht gekommen.

Als das iPhone auf die Welt kam, standen die Sterne dagegen günstig. Ja, ich glaube wirklich, der Erfolg des iPhone wurde erst dadurch möglich, dass zum Zeitpunkt seiner Produktion erstmalig die Bandbreite zur Verfügung stand, um größere Datenmengen zu übertragen. Das war bei einem Vorgänger mit dem Namen Newton nicht der Fall – und unter anderem deshalb floppte er auch. Nutzen Sie also Ihre Kairos-Chance!

Ich kann sagen: Mein Konzept des Clienting basiert auf einer solchen Kairos-Chance. Mitte der 1990er-Jahre war spürbar: Wer in stagnierenden Märkten überleben will, muss etwas Neues in die Businesswelt bringen. In dieser Zeit bot es sich an, den Kunden anders zu betrachten, ihn als wichtigsten Wert eines Unternehmens einzustufen. Der Umgang mit Kunden war damals einfach katastrophal – egal, wohin ich schaute. Das war mein Kairos-Moment. Ich war nicht der Einzige, der den Kunden entdeckte, aber ich machte ihn zum Mittelpunkt meiner Clienting-Lehre. Zwar gab es vorher bereits Publikationen zu vergleichbaren Themen, doch aufgrund meines Buchs *Das Einzige, was stört, ist der Kunde* führten Buchhandlungen einen neuen Reiter ein. Nämlich »Kunde«. Vorher gab es nur »Verkauf« oder »Marketing«.

Diese Beispiele zeigen: Timing entscheidet alles. Der richtige Zeitpunkt bestimmt wesentlich den Erfolg eines Geschäftsmodells. Vielleicht ist er sogar der wichtigste Faktor.

Wenn die innere Stimme spricht

Doch nichts geht gut ohne den Kunden. Was will er? Qualität, Service, gute Preise – und mehr. Er will von Produkten angenehm überrascht werden. Zugegeben: Nicht immer zeigt er sich Neuem gegenüber aufgeschlossen. Dies sage ich ganz speziell allen Start-up-Unternehmern als kleine Ermutigung. Denn immer wieder präsentieren sie Geschäftsideen, bei denen der Kunde eigentlich aufspringen, loben, jubilieren müsste. Er tut es aber nicht. Bedenken Sie immer: 90 Prozent der Menschen haben Angst vor Veränderungen.

90 Prozent der Menschen haben Angst vor Veränderungen.

Aber sie haben auch eine Intuition, ebenso wie die Geschäftsleute. Sie als Unternehmer sollten Ihre Intuition nutzen. Gerade in schwierigen Situationen, wenn der nächste Schritt schwerfällt. »Gehe ich jetzt mit meinem Produkt auf den Markt oder warte ich noch? Schließe ich die Arbeit ab oder füge ich weitere technische Features hinzu?« Hier können Sie auf Ihre innere Stimme hören. Sie ist geschult, erfahren durch tägliche Eindrücke, durch Gespräche mit Kunden und Geschäftspartnern.

Jeder besitzt eine intuitive Vorstellungskraft. Diese hilft uns dabei, Entscheidungen zu treffen. Wer seiner inneren Stimme folgt, empfängt Signale, die das Bewusstsein gar nicht verarbeitet hat. In gefährlichen Situationen etwa verlässt sich der Mensch auf die Intuition. Auch im beruflichen Alltag legt die innere Stimme von Zeit zu Zeit nahe: »Mach besser keine Geschäfte mit diesem Kunden!« Später bestätigt sich nicht selten: Die Intuition hatte recht.

Hier schließt sich der Kreis, von der inneren Stimme zu den Göttern der Zeit. Behalten Sie Chronos in Erinnerung als eine Art Schutzpatron für Erfolge in der Echtzeitwelt und Kairos als die Chance für neue Ideen, Wege, Märkte. Kommunizieren Sie in Echtzeit, nutzen Sie Ihre Kairos-Momente!

Auf den Punkt

- Qualität, Service und gute Preise sind heute Standard.
- Mehr Kontakt bringt mehr Geschäft.
- Wer die Reaktionszeit verkürzt, steigert den Erfolg.
- Wenn die Zeit nicht reif ist, floppen neue Produkte.
- Nutzen Sie Ihre Kairos-Momente!

13. Partner statt Kunde

Was wird die nächste große Welle auslösen? Sie wissen ja: Jeder Tag bringt neue Themen. Einige verschwinden schnell wieder, andere bleiben. Es gibt die Eintagsfliegen und die Dauerbrenner und dazwischen kurz- oder langlebige Trends. Mich interessieren die großen Wellen. Sie passieren nicht plötzlich, sondern basieren auf tief greifenden Veränderungen in der Gesellschaft.

Meine These zur nächsten Welle: Der Kunde wird sie auslösen, genauer gesagt ein völlig anderer Umgang mit ihm. Die Entdeckung oder besser Wiederentdeckung des Kunden ist ein Prozess, der schon ein paar Jahre im Gange ist. Betrachten Sie allein das Business des vergangenen Jahrzehnts: Pioniere aus verschiedenen Branchen haben ihre Organisationen auf den Kopf gestellt. Warum? Um im Sinne der Kunden zu arbeiten.

Noch Mitte der 1990er-Jahre hatten 96 Prozent der Unternehmen keine kundenorientierte Organisation. Bereits zehn Jahre später nannten 72 Prozent der Unternehmen den Kunden als erste Priorität. Mit einem Mal stand Kundenorientierung also auf Platz eins der internen Wunschliste. **Selbst staatsnahe Unternehmen wie Post, Bahn oder Behörden haben den Kunden als Erfolgsfaktor erkannt.** Selbst staatsnahe Unternehmen wie Post, Bahn oder Behörden haben den Kunden als Erfolgsfaktor erkannt.

Potenzial erkannt, Gefahr gebannt? Leider nein. Die gewonnene Erkenntnis ist wertvoll, die Umsetzung bleibt eine Herausforderung. Trotzdem zeigt dieser Wandel: Ohne den Kunden läuft in Zukunft gar nichts mehr. Jetzt ist es an der Zeit, die nächste Stufe einzuleiten. Es genügt nämlich nicht, wenn alle Kundenorientierung an die erste Stelle setzen. Der Kunde selbst muss im Mittelpunkt stehen. Das werde ich nicht müde zu betonen. Wenn Sie jetzt sagen: »Herr Geffroy, aber Kundenzufriedenheit ist doch längst gebongt!«, entgegne ich: Natürlich legen viele Firmen heute Wert auf gute Kundenbeziehungen – oder behaupten dies zumindest. Aber trotz der guten Vorsätze agieren nach wie vor viel zu viele am Kunden vorbei.

Um deutlich zu machen, was ich meine, möchte ich den Istzustand betrachten. »Den Kunden in den Mittelpunkt stellen« – das ist leider nicht das, was all die Kundenzufriedenheitsapostel predigen. Statt wirklich auf den Kunden zuzugehen, begnügen sie sich mit Ersatzhandlungen. Doch irgendwann, spätestens nach der 43. repräsentativen Befragung und Eintragung in ein Kundenbarometer oder in einen Kundenzufriedenheitsindex, merken sie, dass sie in einer Sackgasse stecken. Das iPhone etwa wäre nie erfunden worden, wenn Unternehmer immer nur Kunden befragt hätten.

Seien wir ehrlich: Kundenbefragungen haben fast nur eine Alibifunktion. Sie kommen zum Einsatz, *weil* die »Herzenssache Kunde« nicht gelebt wird. Lieber befragen Unternehmer Kunden, geben Marktforschung in Auftrag und gehen dann mit einem mehr oder weniger zufriedenstellenden Ranking nach Hause. Ich frage mich, was das Theater soll. Die meisten Fragebögen lassen nicht einmal Platz für eigene Bemerkungen, Anregungen oder Kritik. Und wenn Sie einfach trotzdem aufschreiben, was Ihnen auf den Nägeln brennt, gibt es keine Antwort. Zumindest habe ich das immer wieder so erlebt.

Zudem fallen immer wieder Modeworte, die aber kaum ernst genommen werden: Kundenzufriedenheit, Kundenbindung, Kundenorientierung – Begriffe aus der Frühzeit der Kundenära, die heute niemanden mehr hinter dem Ofen hervorlocken.

Verabschieden Sie sich von Kundenorientierung, Kundenzufriedenheit und Kundenbindung. Mein Vorschlag lautet: Verabschieden Sie sich von Kundenorientierung, Kundenzufriedenheit und Kundenbindung. Schöne Schlagworte bringen Sie nicht weiter. Wenn Sie die Grundregeln Ihres Geschäfts verändern wollen, müssen Sie komplett umschalten. Definieren Sie Ihren Kunden neu!

Willkommen in der Servicewüste!

Sehen Sie den Menschen, der bei Ihnen bestellt und bezahlt, einmal mit neuen Augen. Auf den ersten Blick gehört er zu einer anderen Spezies. Ich konzipiere, er kauft. Ich biete an, er akzeptiert. Ich gebe, er nimmt – gegen Karte oder Bares. Was wünscht er sich aber wirklich? Wie will er leben, heute und in Zukunft? Da gibt es zwischen Ihnen und Ihren Kunden doch mehr Gemeinsamkeiten als Unterschiede. Auf den zweiten Blick ist dieser Mensch am anderen Ende der Theke, der Leitung oder Videoschaltung ein Partner. Ja, Ihr Kunde ist Ihr Partner – wenn Sie es wollen. Eine Beziehung entsteht durch beidseitiges Engagement. Sie wissen ja: Keiner gewinnt allein.

Zunächst einmal müssen Sie Ihre Kunden überhaupt erst als Partner gewinnen. Das ist leichter, als Sie jetzt vielleicht denken. Denn Deutschland ist nach wie vor eine Servicewüste. Nicht an allen Orten, aber immer noch an zu vielen. Wenn Sie hierzulande morgens an einer Käsetheke stehen und ein Lächeln im Gesicht des Händlers sehen, sind Sie schon happy. Wenn die Bedienung dann auch noch schnell und freundlich ist und der Käse schmeckt, schweben Sie praktisch im siebten Kundenhimmel.

Ich meine das wirklich ernst. Überlegen Sie mal: Wie einfach könnte das Kundenleben sein, wenn Sie eine Tankstelle betreten und einen lächelnden Tankwart sehen. Das ist keine banale Kleinigkeit, sondern ein Beispiel, wie eine Beziehung zwischen zwei Menschen entsteht.

Ich probiere das selbst immer wieder aus. Was passiert, wenn Sie Menschen anlächeln? Genau, sie lächeln zurück. Anschließend gehen Sie beide anders miteinander um. Und weil viele Unternehmer das noch zu wenig berücksichtigen, wird es ein Leichtes für Sie sein, sich positiv abzuheben. Mit anderen Worten: eine Oase in der Servicewüste zu werden. Wenn Sie Ihren Kunden wie einen Partner behandeln – mit Umsicht und Respekt –, können Sie gar nicht mehr verhindern, dass die Umsätze steigen. Das beweisen die Beispiele von cleveren Unternehmern, die ich Ihnen in einzelnen Kapiteln schon vorgestellt habe. Grinsen ist gut fürs Geschäft.

Ich gehe aber noch einen Schritt weiter. In den nächsten fünf Jahren wird nichts mehr so sein, wie wir es aus den letzten 50 Jahren kennen. Meine These: Wer gewinnen will, muss das Ende des Kunden einleiten und den Beginn einer langen Partnerschaft feiern – mit seinen Partnern, nicht Kunden.

Ich habe es früher selbst nicht geglaubt, dann aber bei den besten Unternehmern der Welt gelernt. Es ist wirklich wahr: Verkaufssteigerungsprogramme werden durch Partnersysteme abgelöst – oder zumindest massiv unterstützt. Kundenbindung hat hier allerdings nichts verloren.

Kundenbindung ist keine Partnerschaft.

Das ist keine Partnerschaft. Um den Unterschied deutlich zu machen, überraschte ich früher bei Vorträgen meine Zuhörer gerne mit einer kleinen Einlage. Alles, was ich dazu brauchte, war ein langes Seil.

Der gefesselte Zuschauer

Vielleicht wunderten sich die Zuhörer schon zu Beginn des Vortrags: Warum hat der Mann ein Seil in der Hand? An einer bestimmten Stelle verließ ich die Bühne – und wickelte es um einen arglosen Zuhörer. Die betroffene Person reagierte nicht begeistert, was ich gut verstehen konnte.

Können Sie sich vorstellen, um welches Thema es mir dabei ging? Ich verrate es Ihnen: Kundenbindung. Den Begriff hat jeder schon unzählige Male gehört. Gemeint ist eigentlich eine positive Sache. Kundenbindung bedeutet meist: Unternehmen ergreifen Maßnahmen, um ihre Kunden daran zu hindern, zum Konkurrenten zu wechseln. Doch wer lässt sich schon gerne binden? Noch dazu ohne vorher gefragt worden zu sein. Kundenbindung ist also ein einseitiger Akt. Großunternehmen sprechen zwar gelegentlich von Partnerschaft, meinen aber in der Regel eine einseitige Einbindung. Der Kunde will sich aber nicht binden lassen. Warum auch? Die Welt ist groß und gute Angebote gibt es überall.

Es muss also eine echte Partnerschaft her! Eine Beziehung, die dauerhaft lebendig bleibt, wie im Privatleben auch. Die Transformation Ihrer Kundenkontakte eröffnet Ihrem Unternehmen neue Perspektiven. Definieren Sie die Grundregeln Ihres Geschäfts neu. Setzen Sie die zukunftsweisenden Spielregeln der Wirtschaft um, bevor es Ihre Wettbewerber tun, und Ihre Umsätze werden steigen.

Ich betone es noch einmal: Die Zufriedenheit des Kunden ist als Ziel des Unternehmers nicht ehrgeizig genug. Die Ära des Kunden geht zu Ende, die Zeit der Partnerschaft beginnt. Und mit ihr kommt eine neue Wirtschaftsform. Wie aber sieht eine gelungene Partnerschaft eigentlich aus?

Partnerschaft für Fortgeschrittene

Zunächst einmal: Mit Partnern gehen Geschäftsleute anders um als mit Kunden. Wie zeigt sich das? Partner haben Privilegien, eine besondere Stellung. Partner sind nicht nur Publikum, Partner sind Akteure – auf die eine oder andere Art. Sie genießen Vorzugsrechte, Boni, besondere Angebote. Den Unterschied machen in Unternehmen auch die drei Cs aus: *Club, Cards, Communitys.* Das heißt **Partnerschaften müssen gelebt, nicht in Verträgen ausformuliert werden.** also: Partner behandeln Sie auf besondere Art. Partner sind übrigens auch Ihre besten und wichtigsten Verkäufer. Aber: Partnerschaften müssen gelebt, nicht in Verträgen ausformuliert werden. Sie müssen glaubwürdig sein und immer wieder unter Beweis gestellt werden. Eine der für mich interessantesten Arten, eine Partnerschaft zu leben, bedeutet, sich für den Partner verantwortlich zu fühlen.

Ein konkretes Beispiel: Das Unternehmen Valentino aus Solingen, das auf Wohnaccessoires aus Keramik spezialisiert ist, ist Partner des Blumenhandels. Jetzt könnte man meinen, es reiche, die Geschäftspartner mit ornamentalen Übertöpfen, Vasen und sonstigen Accessoires zu beliefern. Doch Valentino reicht das noch lange nicht. Die Besitzer bemerkten: Viele Blumenhändler sind im Internet noch zu wenig aktiv, verzichten auf eine eigene Onlinepräsenz. Warum ihnen also nicht auch auf diesem Feld zum Erfolg verhelfen? Gesagt, getan. Die Firma beschränkt sich nicht auf Keramikverkauf, sondern baut für ihre Partner Internetseiten, über die sie dann gefunden werden. Valentino fühlt sich verantwortlich für die Zukunft der Blumenhändler. Die Firma stellt ihre Partner in den Mittelpunkt und hilft ihnen auf dem Weg zum Marktplatz Internet.

Valentino

Valentino ist ein Familienunternehmen aus Solingen, das Wohnaccessoires aus Keramik in Zusammenarbeit mit dem grünen Fachmarkt anbietet. Seit 2004 entwickeln Astrid und Frank Plaikner zusammen mit ihrem Team Kollektionen mit Stil, Charme und Liebe fürs Detail. Inzwischen verhilft Valentino seinen Partnern auch zu einer wirkungsvollen Onlinepräsenz.

Je mehr Unternehmen sich jetzt und in Zukunft verantwortlich fühlen für die eigenen Partner, desto größer sind auch die Chancen, das Geschäft zu intensivieren. Mit dieser Schlussfolgerung komme ich nun zu einem der wichtigsten Sätze meiner Geschäftsphilosophie: Keiner gewinnt allein.

Auf das Zusammenspiel kommt es an!

Genau aus diesem Grund bietet sich für Unternehmer eine schöne Spielart der Partnerschaft an. Menschen kommen zusammen, um ihr Wissen zu teilen, um gemeinsam laut zu denken. Ich spreche von Kundenakademien. In der heutigen Zeit ist der Bedarf an Wissen enorm hoch – in allen Bereichen. Ich habe selbst 14 Jahre lang eine Akademie in der Finanzdienstleistung geführt und in dieser Zeit mit vielen Kollegen Tausende von Partnern trainiert. Für neue Partner war diese Akademie ein wesentlicher Grund für die Zusammenarbeit mit dem Unternehmen. Durch die Kundenakademie hat das Unternehmen bewiesen: Es ist uns ernst mit der Partnerschaft.

Was bedeutet echte Partnerschaft für Sie persönlich? Meine Antwort lautet: Fairness, Vertrauen, Akzeptanz, Toleranz, Authentizität, Hilfsbereitschaft, Glaubwürdigkeit. Und Glaubwürdigkeit heißt konkret: Ein Mensch glaubt an etwas, hat ein Ziel und setzt sich dafür ein. Das ist gelebte partnerschaftliche Verantwortung. Doch daran mangelt es leider noch. Letztendlich ist dies eines der großen Probleme in Unternehmen und auch eines der größten Hindernisse bei der Verbesserung der Servicequalität. Nicht wenige Menschen im Business – gerade auch Entscheider – denken: »Ihr Problem interessiert mich nicht.« Oder: »Das ist nicht mein Problem.« Das geht so lange gut, bis die Firma irgendwann selbst ein Problem hat – nämlich ein Existenzproblem.

Wer nicht an den anderen denkt, trägt letztlich selbst die Schuld, wenn alles den Bach hinuntergeht. Und vielleicht ist das sogar besser so. Denn wer sich zukünftig der Probleme anderer nicht annimmt, wer nicht bereit ist, Verantwortung zu übernehmen, wird irgendwann selbst zum Problem. Diese Erkenntnis bildet die Grundlage für die »Egoless Corporation«. Eine Firma, die immer den Nutzen für die Kunden, die Mitarbeiter, also für die Menschen, sieht. Natürlich ist das

> **Wer sich zukünftig der Probleme anderer nicht annimmt, wer nicht bereit ist, Verantwortung zu übernehmen, wird irgendwann selbst zum Problem.**

153

kein selbstloses Unterfangen. Denn wer hilft, wird Partner haben, die bereit sind zu zahlen. Am Ende profitieren beide. Die Grundregeln des Clienting gelten übrigens nach innen wie nach außen. Auf das Zusammenspiel kommt es an. Auf die Partnerschaft mit Mitarbeitern und die Partnerschaft mit Kunden.

Doch Vorsicht: Es gibt auch Zeitgenossen, die dieses System missbrauchen, indem sie es nur für sich selbst nutzen. Dabei lautet eine der Grundregeln der Partnerschaft: Geben und Nehmen. Clienting heißt auch, sensibel unterscheiden zu können. Werden Sie als Mensch *ge*braucht oder *miss*braucht? Auch wir haben damit unsere Erfahrungen gemacht. Immer wieder einmal verwechselte uns jemand mit einem Selbstbedienungsladen ohne Zahlungsverpflichtung.

Deshalb rate ich Ihnen: Klären Sie auf partnerschaftliche Art, ob eine Partnerschaft gelebt wird. Das heißt: Was gebe ich und was nehme ich? Allerdings ist beim »Gebrauchtwerden« ebenfalls Vorsicht geboten. Denn auch wer gebraucht wird, kann nicht überall einspringen, sondern nur dort, wo er die erforderlichen Fähigkeiten mitbringt. Kein Zahnarzt würde den Job eines Chirurgen übernehmen. Beide können nur auf ihrem jeweiligen Spezialgebiet helfen.

Die »Herzenssache Kunde« bleibt eine Herausforderung für die nächsten Jahrzehnte. Das gilt auch für den Satz »Menschlichkeit gewinnt«. Aber den Unternehmen, die diese Ideen umsetzen – am besten vor den Wettbewerbern –, winken beste Wachstumschancen. Das Kerngeschäft ist und bleibt der Mensch.

Auf den Punkt

- Ohne den Kunden läuft in Zukunft gar nichts mehr.
- Machen Sie den Kunden zu Ihrem Partner!
- Keiner gewinnt allein.
- Kundenakademien stärken die Partnerschaft.
- Die »Egoless Corporation« ist kein selbstloses Unterfangen.
- Das Kerngeschäft ist der Mensch.

14. Die neuen Marktplätze

Beziehungen leben von Kontakten. Deshalb sind die Marktplätze der Zukunft die Marktplätze der Beziehungen. Ja, es wird, wie es schon vor Hunderten von Jahren war – nur besser. Die Menschen landen alle wieder auf Marktplätzen. Dort wollen sie sich treffen, austauschen und Neues mit nach Hause nehmen, sei es nun ein greifbarer Gegenstand oder eine geniale Idee. Die große Aufgabe besteht darin, ein passendes Konzept zu entwickeln: »Wie finde ich den Marktplatz, auf dem mich die passenden Menschen finden?«

Ein neues Forum muss her, auf dem sich Kunden begegnen und bereichern können. Das börsennotierte Unternehmen, das ich 14 Jahre begleiten durfte, war eines der ersten, die diese Idee realisierten. Jedes Jahr wurde ein Forum veranstaltet. Die Ziele: Wissen vermitteln, Informationsvorsprung schaffen, neue Kontakte knüpfen, bestehende Beziehungen vertiefen. Ich kann Ihnen sagen: Dieses Forum wurde zum Highlight des Jahres. Bereits wenige Jahre nach dem Start gab es so viele Interessenten, dass wir gar nicht mehr alle einladen konnten. Doch wir erhöhten nicht die Teilnehmerzahl, sondern entwickelten das Forum zu einem Treffen der besten Partner.

Wissen Sie, was für mich dabei am spannendsten war? Eine neue Erkenntnis: Nicht Sie müssen den Weg zum Kunden finden, sondern der Partner findet den Weg zu Ihnen. Endlich gibt es die Möglichkeit, eigene Marktplätze zu schaffen. Laden Sie Ihre Kunden ein, sich regelmäßig mit Ihnen zu treffen! Kreieren Sie einen Klassiker! Jedes Jahr ein Event, ein Forum, bei dem sich Ihre Kunden wohlfühlen und Wissen erwerben!

Nicht Sie müssen den Weg zum Kunden finden, sondern der Partner findet den Weg zu Ihnen.

Supplementa hat es getan. In Sachen Onlineshop halte ich dieses Unternehmen für eines der Vorzeigeunternehmen in der Gesundheitsbranche. Die Geschäftsführer Felix Henrichs und Sebastian Krück beraten ihre Kunden mit Herzblut – umfassend, täglich, per Telefon.

> **Supplementa**
>
> Supplementa ist ein Onlineshop für Nahrungsergänzungsmittel. Neben den Produkten wird auch Beratung angeboten – etwa zur Sicherheit und Wirksamkeit einzelner Präparate oder auch für die Suche nach einem Therapeuten.

Das Unternehmen hat ein unabhängiges Expertenportal namens »Gesundheitliche Freiheit«. Hier geht es nicht ums Verkaufen, sondern darum, den Kunden zu helfen. Experten stehen Rede und Antwort, etwa bei Fragen zu Krebs. Zudem gibt es deutschlandweite Abendseminare. Supplementa führt sie zusammen mit Ärzten durch – vor rund 200 Teilnehmern. Und die Nachfrage nach diesen Veranstaltungen steigt!

Das Beispiel Supplementa lehrt: Erfolgreiche Unternehmen laden Kunden ein und kombinieren dabei klassische Formate mit Onlineseminaren. Supplementa schöpft die digitalen Möglichkeiten im besten Sinne aus. Seit Kurzem wird jedes Abendseminar live übertragen. Zudem können Interessierte per Livechat Fragen stellen und die Ärzte antworten prompt. Fast können die Kunden sich fühlen, als seien sie vor Ort dabei, egal ob sie in Deutschland, Dänemark oder Dubai leben. Man ist bereit zu helfen und zu geben.

Die Akademie, der König unter den Marktplätzen

Viele Wege führen zum Kunden. Manche sind mehr, manche weniger Erfolg versprechend. Die neuen Marktplätze zählen meiner Meinung nach zu den spannendsten Möglichkeiten. Sie verbinden per sönliche und virtuelle Präsenz, sie sind wesentliche Schritte auf dem Weg zu einem erfolgreicheren Unternehmertum. Der König unter den Angeboten ist für mich die in einem früheren Kapitel schon erwähnte Kundenakademie. Warum? Sie schlagen hier mehrere Fliegen mit einer Klappe. Sie übernehmen Verantwortung für den Erfolg Ihrer Partner. Sie vermitteln Know-how systematisch durch Seminare – online und offline. Last but not least verbessern Sie die Beziehungen und lernen Mitarbeiter im Kundenunternehmen näher kennen. Somit profitieren beide Seiten. Eine eigene Kundenakademie ist ein klarer Wettbewerbsvorteil. Denn so etwas ist bisher noch alles andere als eine Selbstverständlichkeit.

Kundenevents, Foren, Onlineseminare und Akademien sind also die wichtigsten Marktplätze der neuen Welt. Bei den virtuellen Marktplätzen hat Google übrigens wieder einmal die Nase vorn. Google+ bietet die Möglichkeit, Onlineveranstaltungen durchzuführen, Stichwort Hangout. Das bedeutet: Hier können sich Interessierte zu einem bestimmten Zeitpunkt treffen und

Mit dem Angebot einer Akademie schlagen Sie mehrere Fliegen mit einer Klappe.

sogar mit mehreren Videopartnern gleichzeitig Hunderte von Teilnehmern erreichen. Wenn das keine schlaue Strategie ist! Sie kennen ja eine meiner Schlüsselaussagen: Mehr Kontakt bringt mehr Geschäft!

Kundensuche mit Know-how

Dabei empfiehlt es sich, immer intensiver auf die eigene Kundengruppe einzugehen. In der digitalen Welt ist die Deutsche Telekom ein führender Anbieter. Warum? Weil das Unternehmen es verstanden hat, die wichtige Zielgruppe »Mittelstand« mit einem ganzheitlichen und innovativen Ansatz zu gewinnen. Bis dato veranstalteten Firmen üblicherweise Roadshows, um den Kunden die neuesten Produkte und Lösungen vorzustellen. Das war der Telekom aber nicht mehr genug.

Deutsche Telekom

Die Deutsche Telekom gehört zu den größten europäischen Telekommunikationsunternehmen. Vorstandsvorsitzender ist Timotheus Höttges. Das Unternehmen mit Sitz in Bonn ging aus dem ehemaligen Bereich für Telekommunikation und Fernmeldewesen nach der Privatisierung der Deutschen Bundespost hervor. Die Deutsche Telekom in ihrer heutigen Form entstand am 1. Januar 1995 mit dem Inkrafttreten der zweiten Postreform aus der früheren Deutschen Bundespost Telekom – zunächst mit dem Bund als alleinigem Aktionär. Die Deutsche Telekom beschäftigt weltweit rund 230.000 Mitarbeiter, davon knapp 70.000 in Deutschland. 2013 erzielte das Unternehmen einen Umsatz in Höhe von 60,1 Milliarden Euro. Sie ist weltweit in rund 50 Ländern vertreten.

Quelle: Wikipedia

Unter der Leitung von Dirk Backofen, Leiter Marketing Geschäftskunden, später auch mit Jessica Wunder, Leiterin Segmentmarketing kleine und mittelständische Unternehmen, erarbeiteten wir gemeinsam mit Mario Ohoven, dem Präsidenten des Bundesverbands der mittelständischen Wirtschaft (BVMW), ein neues Konzept, um Teilnehmer ganz gezielt anzusprechen, mit Themen, die sie täglich beschäftigen: etwa Chancen und Fehler in der digitalen Welt.

Abgestimmt auf die Bedürfnisse des Mittelstands, wurde eine Roadshow mit mehr als 20 Veranstaltungsorten auf die Beine gestellt. Am Anfang hieß das Motto »Antrieb Mittelstand«, später wurde es erweitert um den Claim »Mittelstand – Die Macher«. Unternehmen wie Microsoft unterstützten die Initiative, um bestes Experten-Know-how zu bieten. Zusätzlich startete ein eigenes Videoportal, das weiteres Wissen zur Verfügung stellte.

Marktplätze könnten künftig für die Akquise neuer Kunden ein entscheidender Faktor sein.

Das Konzept war überaus erfolgreich. Der Grund dafür erschließt sich relativ schnell. Der Mittelstandskunde erhielt konkretes Knowhow, das er sofort umsetzen konnte. Es gab Experten, die nicht wie sonst üblich Produkte präsentierten, sondern Seminare mit Mehrwert boten. Mittlerweile haben über 8.000 Mittelständler diese Veranstaltung besucht. Die zugrunde liegende Idee war es, Marktplätze für Kunden zu organisieren. Doch dieser Ansatz macht es auch möglich, neue Kunden zu gewinnen. Ich meine sogar, Marktplätze können künftig für die Akquise ein entscheidender Faktor sein.

Probieren Sie es einfach selbst aus. Menschen wollen heute Nähe. Geben Sie ihnen also das Gefühl, für sie da zu sein. Laden Sie potenzielle Neukunden Ihrer Branche ein, bieten Sie nützliche Informationen, ermöglichen Sie anderen einen Wissensvorsprung. So bauen Sie Beziehungen, so pflegen sie bestehende Kontakte. Gehen Sie konsequent Ihren Weg – auf den neuen Marktplätzen der Möglichkeiten!

Auf den Punkt

- Marktplätze der Zukunft sind Marktplätze der Beziehungen.
- Eine eigene Akademie ist ein Wettbewerbsvorteil.
- Laden Sie potenzielle Neukunden Ihrer Branche ein.

15. Beziehungsmanager statt Verkäufer

Lucky Luke, Titelfigur der belgischen Comicserie des Zeichners Morris, ist nun schon seit knapp 80 Jahren auf Verbrecherjagd. Einsam und heimatlos zieht er auf seinem Pferd Jolly Jumper durch den Wilden Westen. Er hilft den Armen und Benachteiligten – und steht natürlich immer auf der Seite des Gesetzes. Der einsame Cowboy mit dem schnellen Colt ist beliebt bei Jung und Alt und – wen wundert's – extrem erfolgreich. Man könnte meinen, er schafft das aus eigener Kraft, schließlich ist er allein unterwegs. Kenner wissen aber, dass sein treues Pferd über besondere Fähigkeiten verfügt und seinen Herrn mehr als einmal aus einer schwierigen Situation gerettet hat.

Warum erzähle ich Ihnen das? Weil ich glaube, dass es ganz viel mit Ihrem Geschäft zu tun hat. Meine Erfahrung zeigt, dass es in der Wirtschaft immer noch eine Einzelgängermentalität gibt.

Der leider verstorbene Mitherausgeber der *FAZ*, Frank Schirrmacher, hat in seinem Buch *Minimum* gezeigt: Alte und gebrechliche Menschen haben in einer Gemeinschaft immer noch eine höhere Überlebenschance als junge und starke Menschen, die sich alleine durchschlagen. Die ersten Trecks, die von der amerikanischen Ostküste zur Westküste zogen, haben genau von dieser Gemeinschaft profitiert. Die vielen Strapazen und Entsagungen konnten sie nur überleben, eben *weil* sie miteinander rechnen konnten. Hundertprozentig. Die Gemeinschaft schützte alle, jeder übernahm Verantwortung. Und so schafften sie es, selbst Kleinkinder oder gebrechliche alte Menschen. Anders als derjenige,

Gebrechliche Menschen in einer Gemeinschaft haben höhere Überlebenschancen als junge, starke Menschen, die sich alleine durchschlagen.

der nur auf sich allein gestellt war. Seine Überlebenschancen gingen bei so einem Wagnis gegen null. Als ich das Buch las, hat es mich sehr beeindruckt und darin bestärkt, auch im Business Beziehungen und Partnerschaften in den Mittelpunkt zu stellen.

Sicher, die Grundlage menschlichen Denkens und Handelns ist der Egoismus. Ein gesunder Selbsterhaltungstrieb lässt uns so manche unwirtliche Steppe durchwandern. Würde allerdings jeder ausschließlich egoistisch handeln, gäbe es keinen Fortschritt. Glücklicherweise bleiben wir bei allem Eigensinn doch soziale Wesen und wissen um die Bedeutung der Gemeinschaft. Denn eines ist gewiss, auch wenn Sie den Satz schon kennen: Keiner gewinnt allein. Gemeinschaft pflegen wird – da bin ich sicher – auch das Erfolgsgeheimnis im Businessalltag werden.

Eigentlich ist der Gedanke gar nicht neu. Beziehungen haben schon immer eine wichtige Rolle für den Erfolg eines Menschen und auch für den Erfolg von Unternehmen gespielt. Schauen Sie sich einige der erfolgreichsten Firmen einmal genauer an: One-Man-Show? Fehlanzeige. Die Initialzündung entstand im Teamwork: Bill Gates hat mit Steve Ballmer und einigen anderen sein Unternehmen Microsoft aufgebaut. Steve Jobs und Steve Wozniak haben in einer Garage getüftelt und Apple auf die Beine gestellt. Sie müssen gar nicht über den großen Teich schauen, auch in Deutschland lassen sich genug Beispiele finden. Denken Sie nur an die Brüder Albrecht, die die Aldi-Gruppe gegründet haben. Auch ich habe mir Verstärkung geholt und mein Unternehmen gemeinsam mit Hias Oechsler gegründet. Leider starb er sehr früh. Ich wäre heute nicht dort, wo ich bin, wenn es ihn nicht gegeben hätte.

Aldi

Aldi ist der Kurzname der beiden weltweit größten Discounter-Konzerne Aldi Nord und Aldi Süd. Die Aldi-Gruppe betreibt weltweit zusammen über 10.000 Filialen (Stand Juli 2014).

Nach dem Zweiten Weltkrieg übernahmen Karl und Theo Albrecht den elterlichen Betrieb. In den 1960er-Jahren – mit dem Aufkommen des Supermarktkonzepts – steckte das Unternehmen in einer Krise. Die Konkurrenz zog vorbei. Unter dem Zwang zur Neuorientierung entwickelten Karl und Theo Albrecht die Idee des Lebensmittel-Discounts. Der betriebswirtschaftliche Grundgedanke zu diesem neuen Vertriebstyp lässt sich mit dem Satz »Discount ist die Kunst des Weglassens« umschreiben. Im Vergleich zu den damals marktführenden Supermärkten ließen die Brüder Albrecht eine ganze Reihe der damals üblichen Dienstleistungsfunktionen der Einzelhandelsdistribution einfach weg. Sie gaben ihren Läden dieser für Europa völlig neuen Vertriebsform den Namen Aldi (Albrecht Discount).

Wirtschaft ist menschlich

Jedes Jahrhundert hat seine Revolution, und dieses Jahrhundert steht für eine Revolution von der Industrie- zur Informationsgesellschaft.

Informationsgesellschaft

Der Begriff »Informationsgesellschaft« beschreibt die heutige Gesellschaft, in der Informations- und Kommunikationstechnologien wie Telefon, Internet und Onlinemedien auf breiter Basis genutzt werden und somit in allen Lebensbereichen präsent sind. Die Entstehung der »Informationsgesellschaft« wird auf die 1980er-Jahre datiert, ihre Ausdifferenzierung auf die 1990er-Jahre, als das Internet immer breitere Nutzung fand und die »Informations-« oder »Wissensexplosion« deutlich spürbar wurde.

Quelle: Wikipedia

Auch ich habe das immer wieder so vorgetragen. Das ist jedoch zu kurz gedacht. Sicher verändern das Internet, die Mobilität und neue Technologien insgesamt unser Leben dramatisch. Die Revolution geht aber sehr viel weiter. Es ist die Revolution der Menschen selbst und der Menschlichkeit. Es ist das Jahrhundert, in dem der Mensch die Schlüsselrolle innehaben wird.

Wenn also Unternehmen ihr Überleben in den Fokus rücken, ist das in Ordnung und nur zu verständlich. Alles andere wäre purer Altruismus und hat mit Geldverdienen nichts zu tun.

Es ist die Revolution der Menschen selbst – und der Menschlichkeit. Wichtig ist aber, dass sich die Unternehmen bewusst machen, dass sie langfristig dabei immer auf die Unterstützung anderer angewiesen sind. Wollen sie eine Zukunft haben, müssen Unternehmen heute den Menschen in den Mittelpunkt ihrer Unternehmensstrategie stellen. Konkret: Wer überleben und darüber hinaus eine führende Rolle innehaben will, muss alle Aktivitäten an Menschen und nicht nur an Produkten und Profit ausrichten.

Wie wichtig der Mensch im Wirtschaftsgetriebe ist, wird besonders deutlich, wenn Sie sich ansehen, wie bewegt der Wirtschaftsalltag heute ist. Da werden Unternehmen gekauft, verkauft, zusammengelegt oder auch zerschlagen. Überall liest man von Fusionen, von freundlichen oder feindlichen Firmenübernahmen. Und dann? Erfolgsnachrichten? Nein. Was danach kommt, dreht sich immer wieder um das Scheitern solcher Megadeals. Weit über 50 Prozent der Fusionen gehen schief. Warum? Was steckt dahinter?

Bei genauerem Hinsehen sind es die Menschen, die offensichtlich nicht mitziehen. Es scheitert nicht an den Konzepten. Nein, das Scheitern ist völlig hausgemacht. Der ausschlaggebende Fehler ist immer wieder der Gleiche:

Firmen und deren Entscheider denken nicht in Partnerschaften, sondern in Mehrheiten. Firmen und deren Entscheider denken nicht in Partnerschaften, sondern in Mehrheiten. Das bedeutet: Übernimmt eine Firma die Mehrheit an einer anderen, so hat der eine gewonnen und der andere verloren. Das spielt sich dann auch in den Manager- und Mitarbeiterköpfen ab: »Bin ich auf der Verlierer- oder auf der Gewinnerseite?« Und genau so verhalten sie sich. Für ein wirkliches Miteinander ist so kein Raum mehr.

Sie kennen sicher den Spruch »The winner takes it all«. Die Übernahme wird generalstabsmäßig vorbereitet, auf Menschen wird dabei relativ wenig Rücksicht genommen. Schließlich wollen die Entscheider das Bild vom Reißbrett hineintragen ins echte Leben. Nun soll die Umsetzung gelingen. Bis dahin ist aber schon so viel Porzellan zerschlagen worden, dass die wirklichen Talente das Unternehmen längst verlassen haben. Der Human-Capital-Schaden ist schwer oder gar nicht mehr aufzuholen, die Performance des Unternehmens lässt nach, die Aktionäre wenden sich ab und das Topmanagement wird ausgetauscht. Für eine Kehrtwende ist es zu spät, weil die wichtigste Fusionsgrundregel nicht beachtet wurde: Partnerschaft und Beziehungsfähigkeit.

Für eine Kehrtwende ist es zu spät, weil die wichtigste Fusionsgrundregel nicht beachtet wurde: Partnerschaft und Beziehungsfähigkeit.

Alles eine Frage des Miteinanders

Wenn ich von Partnerschaft und Beziehungsfähigkeit spreche, meine ich das ganz grundsätzlich. Hier geht es nicht nur darum, eine ganz konkrete Partnerschaft, beispielsweise zum Kunden, aufzubauen, auch wenn dieser omnipräsent ist und an Macht gewinnt. Nein, hier geht es um eine Einstellung des Unternehmens. Es geht darum, ob das Unternehmen in der Lage ist, Beziehungen aufzubauen und glaubwürdig zu leben. Der Druck dafür kommt von sämtlichen Beteiligten.

Ganz vorn dabei ist natürlich der Mitarbeiter. Talente schauen heute sehr genau hin, bei wem sie anheuern. Befehl und Gehorsam haben ausgedient. »Goodies« wie mobile Massage oder Diensthandy locken vielleicht noch Leute hinter

Mit »Goodies« wie Diensthandys locken Sie Mitarbeiter, die einen Job wollen, an. Nicht aber Menschen, die eine Aufgabe suchen.

dem Ofen hervor, die schlicht einen Arbeitsplatz suchen, nicht jedoch eine wirkliche Aufgabe. Mittlerweile zählen andere Faktoren: der Sinn hinter der Arbeit oder die Unternehmenskultur. Hier werden Fragen nach der Gemeinschaft wichtig: Ziehen alle an einem Strang? Ist der Umgang lösungsorientiert oder wird an allen Ecken und Enden politisiert? Wer die richtigen Leute an Bord holen will, kann die Hochglanzbroschüren einstampfen. Er muss hundertprozentig authentisch sein und vor allem im Miteinander überzeugen. Dieser Druck wird im Kampf um Talente weiter zunehmen.

Auch Anteilseigner, etwa Aktionäre oder Gesellschafter, sind nicht mehr zufrieden mit oberflächlichem Profitstreben oder Strategien, wie man den Markt »zu bearbeiten« gedenkt. Sie wissen: Diese Perspektive auf den Markt entzündet nur ein Strohfeuer, aber keine Glut.

Das ist die wirkliche Revolution der Menschheit – sich darüber im Klaren zu sein, dass unser gesamtes Denken und Handeln von Beziehungen geprägt ist, und zwar mehr denn je. Denn das Internet ermöglicht in einem gigantischen Maß die globale Vernetzung der Menschen. Das kann keine Gesellschaft, keine Firma, kein Staat und keine Institution mehr aufhalten.

Diese Entwicklung hat weitreichende Konsequenzen: Der Erfolg eines Unternehmens wird zukünftig davon abhängen, wie es mit den Menschen umgeht, die an seinem Geschäftsmodell unmittelbar beteiligt sind. Die zentrale Rolle hierbei spielt der Kunde. Er hat in seiner ursprünglichen Empfängerrolle ausgedient. Heute hat Kundenbeziehung vielmehr mit echter Gemeinschaft als mit bloßem Business zu tun. Es werden Partnerschaften mit Lieferanten entstehen, um gemeinsam an Kundenprojekten zu arbeiten. Manchmal wird man sogar mit Wettbewerbern zusammenarbeiten, um an der Schnittstelle zum Kunden zu besseren Lösungen zu kommen. Damit Sie das hinbekommen, müssen Sie eine überholte Businessregel in die Flucht schlagen: das Dominanzstreben.

Erfolg ist letztlich nicht auf eine Idee oder eine Person zurückzuführen, sondern – wie in der Natur – auf ein Zusammenspiel mehrerer Faktoren. Beobachten Sie einmal Ihren Körper. Wissen Sie, wie oft Sie in der Minute atmen, wie hoch Ihr Pulsschlag gerade im Augenblick ist? Wissen Sie, wie Sie über Ihre Haut atmen? Mit hoher Wahrscheinlichkeit können Sie diese Fragen nicht beantworten. Trotzdem fühlen Sie sich pudelwohl. Ihr Körper funktioniert intuitiv. Selbst Ihr Herz – in diesem Buch das wichtigste Wort und zweifelsfrei das lebenswichtigste Organ – würde sich nicht aufspielen, den anderen Organen zu sagen, was sie zu tun und zu lassen haben.

Also: Den »längeren Hebel« können Sie einmotten. Auf lange Sicht klappt es nur zusammen. Sicher, das erfordert ein ziemliches Umdenken. Schließlich sind Sie und ich mit einem unterschiedlichen Mindset groß geworden. Aber am Ende werden Sie es leichter haben und erfolgreicher sein. Ich gehe sogar so weit zu sagen, dass der zukünftige Erfolg davon abhängig sein wird, möglichst viele echte Beziehungen zu leben. Früher ging es darum, Fabriken aufzubauen – heute spielen die Menschen die entscheidende Rolle.

Der neue Verkäufer

Der Star in diesem neuen Stück ist der Verkäufer – nach wie vor und doch ganz anders. Wie läuft es heute in der Regel? Der Verkäufer drückt das Produkt mit aller Kraft in den Markt. Immer öfter wird das zur Einbahnstraße. In der Gegenrichtung läuft nicht viel. Impulse vom Kunden aufnehmen und ins Unternehmen tragen? Das machen bisher nur die wenigsten. Kommt dann der Auftrag vom Kunden, ist der Verkäufer in der Regel raus aus dem Spiel und die Produktion läuft auf. Das Ding wird durchgezogen, idealerweise bis zum gewünschten Liefertermin. Dann wird geliefert. Ende und aus. Neues Spiel, neues Glück. Die-

Der typische Verkäufer wird in der neuen Welt, in der es immer mehr virtuelle Verkäufer gibt, keine Überlebenschance haben.

ser typische Verkäufer wird in der neuen Welt, in der es auch immer mehr virtuelle Verkäufer gibt, in der sich immer häufiger alles schneller dreht, keine Überlebenschance mehr haben.

Digitales Zeitalter und virtueller Marktplatz hin oder her – kein Konzept lässt sich ohne Menschen verkaufen. Wir brauchen sie also, die Verkäufer, aber anders. Gerade weil es die digitale Entwicklung gibt, wird der Mensch das Gespräch suchen. Vielleicht sogar noch mehr als in der Vergangenheit. Und genau dafür braucht der Verkäufer dringend ein paar zusätzliche Qualifikationen. Die Verkäufer der Zukunft sind echte Kommunikationsprofis, die ihr Fach verstehen.

Digitale Revolution

Die »Digitale Revolution« bezeichnet den gesellschaftlichen Umbruch, der durch die Digitalisierung und die flächendeckende Nutzung von Computern ausgelöst wurde. Die Forscher Martin Hilbert und Priscilla López schätzen, dass es im Jahr 2002 der Menschheit erstmals möglich war, mehr Informationen digital als im Analogformat zu speichern: Das »Digitale Zeitalter« hatte begonnen. Um die Milleniumswende war die Digitalisierung der Informationen weltweit fast komplett vollzogen: Angefangen bei lediglich 3 Prozent im Jahr 1993 waren 2007 bereits 94 Prozent der Informationen digital gespeichert.

Quelle: Wikipedia

Den Grundkurs des verkäuferischen Handwerks setze ich erst einmal voraus. Auch heute noch muss der Verkäufer an der richtigen Stelle die richtige Abschlussfrage stellen, wenn der Kunde nicht von allein unterschreiben will – und das wird er selten. Bereits zu Beginn meiner Beraterlaufbahn im Vertrieb fiel mir auf, dass die besten Verkäufer nach anderen Regeln vorgingen: Nicht das perfekte Führen eines Verkaufsgesprächs nach allen Re-

Verkaufstechniken haben ausgedient. Erfolgreiche Verkäufer führen Kundengespräche »wie unter Freunden«.

geln der Technik stand im Vordergrund, sondern eher das Gespräch unter Freunden. Ich war damals geschockt, als ich einen Spitzenverkäufer dabei beobachtete, wie er seinem Kunden permanent ins Wort fiel und so manche Meinung als Unsinn abtat. Heute weiß ich es besser: Was ich da sah, war eine tiefe Vertrautheit zwischen ihm und seinem Kunden. Die beiden hatten Masken und Floskeln gar nicht mehr nötig.

Genau da muss es hingehen. Der Verkäufer der Zukunft ist Beziehungsprofi. Er betreut letztlich keine Kunden, sondern er entwickelt und pflegt ein Netzwerk. Er entwickelt und lebt Partnerschaften. Und auf den zweiten Blick sind seine Kunden viel mehr. Seine Kunden sind seine Verkäufer. Daher kann sich unser Verkäufer eigentlich als Vertriebsleiter einer eigenen Vertriebsmannschaft fühlen. Das ist ein enormes Potenzial. Angenommen, Sie haben 100 Kunden und ein zufriedener Kunde erzählt es drei weiteren, dann haben Sie ein Potenzial von 300 Kunden! Wenn Sie sie alle in den Mittelpunkt Ihres Strebens setzen, wenn Sie die Beziehung zu ihnen pflegen, dann ist unendlich viel drin für Sie!

Welche Voraussetzungen braucht es, damit Ihre Kunden Sie weiterempfehlen? Die Antwort ist einfach: letztlich keine, die Sie nicht schon aus dem privaten Bereich kennen. Auch hier können Sie es nicht jedem recht machen. Sie können nicht Everybody's Darling sein – und das ist auch nicht empfehlenswert. Sicher kennen Sie den Spruch »Everybody's Darling is Everybody's Depp«. Das tut weh, bringt es aber auf den Punkt. Es lohnt sich nicht, sich komplett zu verbiegen. Sie müssen lernen zu verzichten, zum Beispiel auf Kunden. Weil Sie schlicht nicht mit allen Menschen klarkommen. Doch erfahrungsgemäß wird Sie dieser Verzicht nicht ruinieren. Meiner Ansicht nach kann ein Verkäufer sowieso nur maximal 100 Kunden aktiv betreuen.

Beziehungsarbeit

Was muss der Beziehungsmanager der Zukunft tun? Der Name sagt es bereits: Netzwerke aufbauen! Und wer Netzwerke aufbauen will, braucht Verbündete. Aus diesem Grund ist der Verkäufer auch eingebunden in das gesamte System des Unternehmens. Er kann ja letztlich nur das versprechen und umsetzen, was sein Unternehmen auch bieten kann. Das Unternehmen wiederum kann seinem Verkäufer entweder Steine in den Weg legen – oder ihm diesen bestmöglich ebnen. Indem es beispielsweise Marktplätze schafft, auf denen sich Kunden treffen können, wird das seine Arbeit sehr erleichtern. Wenn das Unternehmen zudem ein Kundenerfolgssteigerungskonzept hat und seinen Kunden aktiv etwas anbietet, dann kann der Verkäufer aus dem Vollen schöpfen.

Was muss der Beziehungsmanager der Zukunft tun? Netzwerke aufbauen!

Beziehungsmanager wird man nicht über Nacht. Im Gegenteil: Beziehungsarbeit will gelernt sein. Ein Teilnehmer eines meiner Seminare hat einmal gesagt: »Wenn in Deutschland fast jede zweite Ehe geschieden wird, sind wir wohl nicht unbedingt alle begnadete Beziehungsexperten.« Es gibt also viel zu lernen. Beziehungen haben mit Glaubwürdigkeit und Verantwortungsbereitschaft zu tun, ebenso mit Fairness und Verlässlichkeit. Eine Beziehung muss auf beidseitigen Nutzen achten. Keine Beziehung klappt dauerhaft, wenn nur einer profitiert. Das geht nur mit offenen Karten.

Verstehen Sie mich nicht falsch: Ein Beziehungsmanager ist kein Softie. Lieb haben, zuhören und über alles reden – das greift eindeutig zu kurz. Natürlich achtet ein guter Beziehungsmanager auch darauf, dass der Erfolg stimmt. Er lässt sich nicht ausnutzen und er erwartet eine Gegenleistung. Für mich ist er ein Vollprofi – auf mentalem Gebiet – und in der digitalen Welt zu Hause. Denn wir leben in einer Echtzeitwelt und nur die Daten, die wir just in time abrufen können, schaffen den nötigen Informationsvorsprung. Daher hat ein Verkäufer ohne Kenntnis und Einsatz modernster Technologien wie Tablet Selling keine dauerhafte Überlebenschance. Genauso wenig, wenn er sich nicht in den Kunden hineinversetzen kann.

Ein Beziehungsmanager ist also der ideale Verkäufer. In mehreren Welten gleichzeitig zu Hause, paart er höchste Emotionalisierung und Empathie mit profunder Fitness in der digitalen Welt. Dazu eine ordentliche Portion Sensibilität und Spontanität, gemischt mit den guten alten Tugenden Ordentlichkeit und Verbindlichkeit, denn die braucht er für seinen systematischen Jahresaktionsplan für Kundenkontakte. Solch ein Verkäufer löst auch einen alten Erfolgsmythos ab, nämlich dass Erfolg das Ergebnis harter und systematischer Arbeit sei. Mit anderen Worten: Wenn Sie handwerklich gut und fleißig arbeiten, wird am Ende alles gut. Doch das war gestern. In Zukunft wird es lauten: Verkaufserfolg stellt sich dann ein, wenn Sie eine erfolgreiche Beziehung mit Ihren Kunden pflegen und Ihr Management und Ihr Unternehmen hier gekonnt einhaken.

Verkaufserfolg stellt sich ein, wenn Sie eine gute Beziehung mit Ihren Kunden pflegen und Ihr Management gekonnt einhakt.

Übrigens: Der Verkäufer wird mit seinem Anliegen, eine gute Beziehung zu seinen Kunden aufzubauen und zu pflegen, immer offene Türen einrennen. Ja, ich bin überzeugt, dass Kunden in der heutigen Welt noch mehr als früher an glaubwürdig gelebten Beziehungen auf Geschäftsbasis interessiert sind. Wer hätte es noch vor Jahren für möglich gehalten, dass 1 Milliarde Menschen Beziehungen knüpfen, halten und ausbauen – und bereit sind, ihr Wissen kostenlos preiszugeben? Facebook hat uns gelehrt, dass genau das völlig in Ordnung ist, zumindest für die meisten. Was in der digitalen Welt offensichtlich sehr erfolgreich funktioniert hat, können wir jetzt auf jedes Unternehmen übertragen: Beziehungen statt Verkaufstechnik.

Auf den Punkt

- Erfolg geht nur in Gemeinschaft.

- Der Mensch gehört in den Mittelpunkt allen Wirtschaftens.

- Sämtliche Beteiligte – vom Mitarbeiter bis zum Anteilseigner – sind mit oberflächlichem Profitstreben nicht mehr zu überzeugen.

- Unternehmenserfolg braucht echte Beziehungsfähigkeit.

- Der neue Verkäufer ist vor allem ein Beziehungsmanager.

- Verkauf heißt zukünftig vor allem eins: Netzwerke aufbauen und pflegen.

- Beziehungsarbeit braucht Verbündete: Unternehmen und Verkäufer müssen Hand in Hand arbeiten.

16. Kundenverblüffung statt Kundenzufriedenheit

»Und, waren die Herrschaften zufrieden?«, fragt der Kellner nach dem Essen. Wir bejahen, denn in der Regel sind wir es: zufrieden. Ein Gefühl beschleicht mich aber jedes Mal, wenn diese Frage kommt: dass sie nichts weiter ist als eine Standardfrage. Nichts Ernstes. Der Kellner folgt praktisch nur dem Protokoll. Ich spüre, dass hier im Grunde niemand wirklich Feedback will. Dieses Gespräch bringt keinen von uns voran. Es bleibt Formsache, im Namen der omnipräsenten Kunden*zufriedenheit*.

Schon seit den 1990er-Jahren schreiben sich Unternehmen das Ziel der Kundenzufriedenheit auf die Fahnen. Allerdings war das Thema damals noch eher in Hochglanzbroschüren zu Hause. Im Unternehmensalltag selbst war es nicht angekommen. Es war schlicht ein »Nice to have«, wirkliche Bedeutung hatte der Kunde nicht.

Später wurde die Kundenzufriedenheit eine ernst zu nehmende Schlüsselgröße. Es gab erste Studien, die bestätigten, dass eine Erhöhung der Kundenzufriedenheit zu einer Steigerung des Geschäftserfolgs führt. Das Management wurde hellhörig. Zum ersten Mal erlangte ein sogenannter weicher Faktor dermaßen große Bedeutung. Das war fast eine kleine Sensation. Schließlich waren zuvor Zahlen, Daten, Fakten aus der Umsatz- und Kostenwelt die alleinigen Messgrößen des Erfolgs.

Studien bestätigen, dass Kundenzufriedenheit zu einer Steigerung des Geschäftserfolgs führt.

Kundenzufriedenheitsindex

Um die Zufriedenheit der Kunden zu messen, verwenden Unternehmen oft einen Kundenzufriedenheitsindex (auch Customer Satisfaction Index, kurz CSI). Die Kundenzufriedenheit wird mithilfe von Kennzahlen dargestellt und streift so den eher subjektiven Mantel individueller Kundenfeedbacks ab. Unternehmen können mithilfe des Index sowohl eine Entwicklung der Kundenzufriedenheit im Zeitverlauf nachvollziehen als auch einen Vergleich von mehreren Unternehmenseinheiten anstellen. In einer Nachfolgeuntersuchung lassen sich Maßnahmen auf ihre Wirksamkeit hin überprüfen.

Wenn die Zufriedenheit des Kunden so wichtig war, musste sie jetzt auch gemessen werden. Daher hoben die Unternehmen den *Kundenzufriedenheitsindex* aus der Taufe. Die Werte: eine Katastrophe. Nicht selten fuhren Unternehmen einen Kundenzufriedenheitswert von 25 Prozent ein. Das heißt nichts anderes, als dass 75 Prozent der Kunden unzufrieden waren! Die Entscheider erkannten dringenden Handlungsbedarf. Jetzt mussten Unternehmen ihre Zäune einreißen und sich öffnen. Weg von den Charts, raus ins wirkliche Leben: Kunden befragen, Impulse, aber auch Probleme aufnehmen. Dennoch war es unendlich schwer, die Entscheider dazu zu bewegen, vor die Tür zu treten. Sie kamen mir manchmal vor wie Menschen, die ihre Höhle zum ersten Mal verlassen müssen. Völlig unsicher, sie wussten nicht, was sie tun sollten. Im Grunde genommen wären sie am liebsten wieder in ihre Höhle zurückgekrochen und hätten so weitergemacht wie bisher.

Daumen hoch oder Daumen runter?

Doch eine Alternative gab es nicht und die Gefahr war groß: Ein zufriedener Kunde berichtet drei weiteren potenziellen Käufern von seinen Erfahrungen. Ein unzufriedener Kunde hingegen berichtet es mindestens zehn weiteren potenziellen Kunden! Anders gesagt:

Nichts geht schneller, als den Absatz durch unzufriedene Kunden herunterzufahren.

Jetzt könnte man meinen, dass die Initiative Kundenzufriedenheit höchste Dringlichkeit bekam und es mit Vollgas voranging. Doch bekanntlich sind Organisationen träge und Manager halten gern an ihren alten Zöpfen fest. Und so hat sich seit der Jahrtausendwende letztlich nicht viel getan. Ein bisschen Kosmetik, mehr nicht. Erst vor Kurzem rief mich ein Topmanager eines globalen Konzerns an und bestätigte, dass die Kundenzufriedenheit weit unter Branchenniveau liege. Ich bin überzeugt, dass das kein Einzelfall ist und auch heute noch viele Unternehmen dringenden Handlungsbedarf hätten, die Kundenzufriedenheit zu steigern.

Nichts geht schneller, als den Absatz durch unzufriedene Kunden herunterzufahren.

Erschreckend ist: Es geht nicht nur nicht recht voran, in manchen Unternehmen rudert man sogar wieder zurück! Globaler Wettbewerb, Kostenreduktion, Internet und vor allem die unangemessene Reaktion des Managements auf die Entwicklungen unserer Zeit üben einen enormen Druck auf die Mitarbeiter aus und setzen den falschen Fokus: mehr statt besser. In so einem Umfeld verkümmert verständlicherweise das zarte Pflänzchen Kundenorientierung. Hier baut sich ein hoher Risikofaktor auf.

Doch noch ist nichts verloren. Selbst wenn es ein bisschen welk geworden ist, ganz eingegangen ist das Pflänzchen nicht. Im Automobilsektor ist die Kundenzufriedenheitsumfrage sogar zu einer täglichen Praxis geworden. Händler werden heute wesentlich anhand des Kundenzufriedenheitsindex vergütet. Das führt jedoch wiederum zu Manipulationsrisiken. Beim Kauf eines neuen Autos wies mich beispielsweise der Verkäufer darauf hin, dass mich in wenigen Wochen ein Marktforschungsinstitut anrufen und mich nicht nur fragen würde, wie zufrieden ich mit dem Auto sei, sondern insbesondere auch, wie zufrieden ich mit dem Händler und ihm als Verkäufer sei. Es war eine mehr als deutliche Bitte zu erkennen, ich möge doch möglichst alles mit einer perfekten Note bewerten. Sie können sich den Wert dieser Umfrage ausrechnen …

Auch wenn Kundenzufriedenheit noch eine große Schippe Ernsthaftigkeit vertragen könnte, kommt das Thema mehr und mehr in den Unternehmen an. Entscheider lernen, ihr Handeln auf die Kundenbedürfnisse auszurichten.

»Und was is' mit Tee?«

Ihre Kunden sind jetzt zufrieden? Prima. Aber machen Sie sich klar, dass das erst der Anfang ist. Kundenzufriedenheit ist wichtig, allerdings werden Sie damit nicht die Regeln brechen können. Einer meiner Lieblingsleitsätze lautet: Die besten Gelegenheiten ergeben sich dann, wenn man die Grundregeln ändert. Mit Zufriedenheit ändern Sie erst einmal nichts. Das ist wie im wirklichen Leben. Wenn Sie zufrieden sind, sind Sie quasi angekommen – gemessen an dem, was Sie erwartet haben. Gemessen an der Vergangenheit also. Sie legen die Füße hoch, Ihr Motor ist aus. Es passiert nichts mehr. Tragisch eigentlich.

Kundenzufriedenheit ist im Grunde nur ein Hygienefaktor …

Tragisch ist das auch im Business. Weil sie sich immer nur an bereits Geschehenem orientiert, ist Kundenzufriedenheit für mich die größte Fata Morgana der Vergangenheit. Ja, das tut weh und ist erst einmal ein Schlag ins Gesicht für diejenigen, die regelmäßig Geld in Kundenzufriedenheitsstudien investieren.

Doch was sagt Kundenzufriedenheit wirklich aus? Dass Sie geliefert haben, was der Kunde von Ihnen erwartet hat. Nichts weiter. Kein Staunen. Ihr Kunde ist nicht überrascht. Er wertet das, was er bekommt, schlicht als Bestätigung seiner Erwartungshaltung. Im Grunde genommen ist die Zufriedenheit nur ein Hygienefaktor.

Und Hygienefaktoren können maximal etwas bewahren, niemals jedoch etwas verändern.

Finden Sie das Beauty-Case

Der Erfinder Graham Bell erklärte im 19. Jahrhundert keinem Geringerem als dem US-Präsidenten begeistert den Vorteil des Telefons: dass man damit über lange Strecken mit jemandem reden könnte. Und was erwiderte der höchste Mann im Staat: »Schön – und wofür braucht man das?« Hätte Graham damals nur die Erwartungen als Maßstab genommen, er hätte seine Bemühungen wohl eingestampft und sich anderen Dingen gewidmet. Mein Sohn hätte das in jedem Fall bedauert ...

Kundenzufriedenheit ist also nur der Anfang. Ein guter zwar, aber eben nur ein Anfang. Bieten Sie den Kunden daher ein Quäntchen mehr, als sie erwarten. Steigen Sie in die nächste Stufe ein: Begeistern Sie Ihre Kunden! Das geht nach wie vor erstaunlich schnell. Gerade im Service schlummern erhebliche Potenziale, die einen Wow-Effekt auslösen können. Gute Hotels machen es vor. Sie haben sich darauf spezialisiert, einen einzigartigen Service zu bieten.

Bieten Sie Ihren Kunden nur ein bisschen mehr, als sie erwarten – und sie werden begeistert sein!

Ich erinnere mich daran, wie wir auf einer USA-Reise unser Beauty-Case beim Transfer vergessen hatten. Die Enttäuschung meiner Frau können Sie sich sicher vorstellen. Als wir im Ritz-Carlton Hotel ankamen, fragte die Dame an der Rezeption sehr höflich, ob alles gut verlaufen wäre. Als wir kurz schilderten, was uns passiert war, fragte sie detailliert nach. Wissen Sie, warum? Sie wollte in unserem Namen recherchieren, um möglicherweise das Beauty-Case doch noch zu bekommen. Solch einen Service kannten wir bisher nicht. Was für eine Wohltat!

Unternehmen, die sich darauf spezialisieren, ihre Kunden zu begeistern, schlagen gleich zwei Fliegen mit einer Klappe. Denn dass damit auch ihr Kundenzufriedenheitsindex in die Höhe schnellt, versteht sich wohl von selbst.

Schnellere Pferde

Klingt gut, nicht wahr? Aber eigentlich geht es auch bisher nur um Kosmetik. Goldgräberstimmung kommt hingegen auf, wenn Sie Ihre Kunden wirklich verblüffen. Wenn Sie etwas anbieten, womit Ihr Kunde im Leben nicht rechnet, wird er es Ihnen aus der Hand reißen. Immer. Fast egal, was es kostet. Und er wird Sie so schnell nicht wieder verlassen. Herzlich willkommen auf dem Königsweg!

Verblüffen – wie geht denn das? Die Antwort ist letztlich einfach: Verblüffend ist alles, was der Kunde nicht kennt. Es macht also wenig Sinn, die Kunden zu fragen, wovon sie denn bitte schön verblüfft wären. Wirkliche Innovationen kommen nicht vom Kunden, das geht gar nicht. Sie kennen vielleicht den viel zitierten Satz von Henry Ford: »Wenn ich die Menschen gefragt hätte, was sie wollen, hätten sie gesagt: schnellere Pferde.« Ein Kunde kennt nur das, was er aus der Vergangenheit heraus kennt. Er kann nicht für etwas Vorstellungskraft haben, was er gar nicht kennt oder von dem er nicht weiß, dass es existiert. Das ist elementar – was im Grunde genommen zu einer Frustration auf der Kundenseite und auf der Unternehmensseite führt.

> »Wenn ich die Menschen gefragt hätte, was sie wollen, hätten sie gesagt: schnellere Pferde.« – Henry Ford

Aus diesem Grund reicht Kundenzufriedenheit heute allein nicht mehr aus. Wenn Sie sich nur auf die Aussagen Ihrer Kunden verlassen, werden Sie genau dort verharren, wo Sie sind. Sie werden unermüdlich an Ihrem Status quo feilen – obwohl der vielleicht gar nicht mehr der Renner ist. Sie wissen es nur noch nicht. Das iPad oder das

Mobiltelefon wären wohl nie erfunden worden, wenn Unternehmen immer nur die Erwartungen der Kunden abgefragt hätten.

Wenn Sie also an Ihren Produkten arbeiten oder neue Produkte entwickeln, stellen Sie sich immer die Frage: »Verblüffen wir damit unsere Kunden?« Wenn nicht, lassen Sie es bleiben und suchen Sie lieber weiter. Ich kann Sie beruhigen: Kunden zu verblüffen ist kein Hexenwerk. Im Gegenteil: Wenn Sie eine wirkliche Beziehung zu Ihren Kunden pflegen, wird es Ihnen sogar recht leicht fallen, sie zu verblüffen. Dabei müssen Sie das Rad nicht unbedingt immer neu erfinden. Ein bestimmter Service oder ein Produkt-Feature ist vielleicht in einer anderen Branche bereits üblich – wenn es allerdings für Ihre Branche neu ist, dann ist das Ihre Chance! Und diese liegt nicht nur darin, dass Sie neue, richtig gute Kunden gewinnen. Ihre Kunden zahlen Ihnen Ihre Mühen nämlich zurück. Denn Ihre verblüfften Kunden schwärmen aus und werden zu den besten Werbeträgern Ihres Unternehmens!

Candle-Light-Dinner, die Zweite

Die Hotelkette Four Seasons gilt weltweit als die Nummer eins im Kundenservice. Anlässlich eines Osterurlaubs buchten wir auf einer kleinen Insel ein Candle-Light-Dinner. Es sollte ein perfekter Abend werden. Auf einer kleinen Sanddüne freuten wir uns auf ein romantisches Erlebnis – mit Fackeln und einem Kellner, der nur für uns das Menü zelebrieren sollte. Was dann passierte, war ein Drama. Nichts klappte. Weder gingen die Fackeln an noch schmeckte das Essen, und der Service enttäuschte auf ganzer Linie. Trotzdem entschieden wir uns, nicht zu reklamieren, denn wir waren bisher rundum glücklich in diesem Hotel.

Am nächsten Morgen fragte uns der Oberkellner, wie es uns gefallen hätte. Wir sagten zwar »Ganz gut … «, aber man konnte wohl an unseren Gesichtern ablesen, dass wir im Grunde enttäuscht waren.

Der Oberkellner ging kommentarlos weg und kam wenige Minuten später mit dem Restaurantleiter zurück. Dieser hatte sich offenbar fix schlaugemacht und wusste, dass der Abend komplett schiefgelaufen war. Er entschuldigte sich in aller Form dafür. Offiziell hatten wir nicht reklamiert, trotzdem schwärmten alle aus, um uns zu helfen. Wenige Minuten später stieß auch der Resort-Leiter hinzu. Er entschuldigte sich noch einmal und bot zwei Alternativen an. Erste Alternative: Man würde das Essen selbstverständlich von der Rechnung nehmen. Zweite Alternative: Man würde allen die Gelegenheit geben, es am selben Abend wiedergutzumachen.

Wir entschieden uns für ein zweites Candle-Light-Dinner. Als wir abends ankamen, brannten die Fackeln bereits und ein umwerfend schön gedeckter Tisch machte Lust auf ein großartiges Essen. Und wir trafen auf drei alte Bekannte: Der Oberkellner, der Restaurantleiter und der Leiter des Resorts bedienten uns an diesem Abend höchstpersönlich. Was denken Sie, was wir nach unserem Urlaub zu Hause berichteten?

Manchmal sind es ganz kleine Dinge, die verblüffen. Im Hotel Stock beispielsweise fragte der Kellner meine Frau beim Abendessen: »Trinken Sie das Glas Wein mit der linken oder der rechten Hand?« Meine Frau ist Linkshänderin. Und so funktioniert es mit allem, was der Kunde nicht kennt und nicht erwartet.

Wollen Sie in den hart umkämpften Märkten der Zukunft Erster sein, müssen Sie weiterdenken. Die Frage lautet zuerst: »Wie begeistere ich meine Kunden?« Und dann noch einen Schritt weiter: »Wie verblüffe ich meine Kunden?« Das kann eine Produktidee, Serviceidee, Partneridee, Wissensidee oder Trendidee sein. Ihrer Fantasie sind keine Grenzen gesetzt. Beobachten Sie, sprechen Sie, reflektieren Sie. Alles ist möglich. Ihr Ziel ist kein geringeres als ein aufrichtiges »Wow!« Ihrer Kunden.

Auf den Punkt

- Kundenzufriedenheit (1. Stufe) ernst nehmen bedeutet, dass Sie hinausgehen und Ihre Kunden befragen.

- Kundenzufriedenheit ist lebensnotwendig – aber nur der Anfang.

- Den Unterschied machen Sie, wenn Sie Ihre Kunden nicht nur zufriedenstellen, sondern begeistern (2. Stufe).

- Kundenbegeisterung heißt, die Erwartungen zu übertreffen.

- Den Königsweg beschreiten Sie, wenn Sie Ihre Kunden verblüffen (3. Stufe).

- Verblüffen können Sie mit allem, was der Kunde noch nicht kennt oder so nicht erwartet.

- Ideen zur Kundenverblüffung können nie vom Kunden selbst kommen.

17. Fähigkeiten statt Produkte

»Er hat ABS, elektronische Stabilisierungskontrolle mit elektronischer Differenzialsperre und hydraulischem Bremsassistenten und natürlich die neuen Xenon-Scheinwerfer«, verkündet mir der Autoverkäufer freudig erregt. Ob er dachte, nur weil ich ein Mann bin, würden mich derlei technische Details begeistern? Tun sie nicht wirklich, letztlich will ich nichts anderes als mobil sein. Nicht mehr und nicht weniger.

Nun sind Autobauer und auch Autoverkäufer sicher eine ganz eigene Spezies. Sie sind extrem technikbegeistert – und so präsentieren sie stolz jedes neue Feature. Leider oft am Kunden vorbei. Denn dieser hat beim Autokauf in der Regel ganz andere Bilder im Kopf: Möglicherweise ist er beruflich viel unterwegs und braucht quasi ein mobiles Büro. Oder er ist leidenschaftlicher Kitesurfer und braucht ein Fahrzeug, das ihn und sein Equipment jedes Wochenende zu den verschiedenen Surf-Eldorados bringt. Vielleicht braucht er dafür auch ein integriertes Vorzelt? Möglicherweise spielt Xenon-Licht hier gar keine Rolle …

Unternehmen präsentieren technikverliebt das 100. Feature. Leider am Kunden vorbei.

So wie dem Autobauer geht es sehr vielen Unternehmen. Technikverliebt feilen sie an ihren Produkten. Noch kleiner, noch dünner, noch sicherer. Doch sie verlieren dabei aus den Augen, dass der Kunde es vielleicht viel runder braucht. Oder dass dieses Produkt nur mit einem Kombi-Produkt Sinn macht und er es deshalb auch zusammen kaufen will. Logisch. Plus Lieferung und Installation. Plus Wartung. Natürlich.

Wer hat die Lösung?

Genau da muss es hingehen. Ich bin sicher: Den entscheidenden Wettbewerbsvorteil dieses Jahrzehnts hat derjenige, der es schafft, dem Kunden wirklich verblüffende Lösungen anzubieten.

80 Prozent der Unternehmen denken heute noch in Produkten statt in Lösungen. Und da ist noch jede Menge Luft nach oben. Denn weit über 80 Prozent der Unternehmen verharren heute noch im Produktdenken, die wenigsten sind schon bei echten Lösungen angekommen. Und wenn, dann sind das häufig Kombinationen aus Produkt und Service. Immerhin. Aber eigentlich eine Krücke.

Einige wenige zeigen allerdings schon, wie es gehen kann. Das Unternehmen Würth aus Künzelsau beispielsweise hat vor vielen Jahren erkannt, dass Handwerker nicht nur einen Bedarf an Schrauben und Dübeln haben, sondern einen dringenden Bedarf an einer Lösung, die ihnen hilft, ihre tägliche Arbeit besser machen zu können. Und genau darauf richten sie all ihr Streben aus. Auch Apple – immer wieder gern zitiert, auch von mir – denkt ausschließlich in umfassenden Lösungen. Es liefert dazu alles Erforderliche, von der Hardware über die Software bis zur Mindware. Das Unternehmen löst sich dabei komplett vom eigentlichen Produkt. Wenn Apple in einen neuen Markt einsteigt, nutzt es schlicht die gleichen Grundmodelle und überträgt diese in den neuen Markt. So lassen sich zentrale Erkenntnisse aus der Mac-Welt sowohl in der Telekommunikations- als auch in der Tablet-Welt nutzen. Es gibt keine störenden Schnittstellen. Nur echte Lösungen.

Unternehmen wie Würth und Apple tummeln sich recht einsam an der Spitze. Dann kommt eine ganze Weile nichts. Und dann kommt das übergroße Mittelfeld. Unternehmen, die sich immer noch als Produktlieferanten verstehen. Unternehmen wie Sony oder Hewlett-Packard. In einer industriellen Welt konnte das auch funktionieren. Doch diese Welt verlassen wir jeden Tag ein Stückchen mehr.

Die Tage, an denen die Kunden brav Produkte abnehmen, sind gezählt. Bisher sind solche Unternehmen noch sehr erfolgreich. Die Schraube, an der sie drehen, ist die Kundenorientierung. In einer Welt, in der Kundenzufriedenheit noch längst nicht das Maß allen Wirtschaftens ist, können Unternehmen, die beispielsweise besseren Service bieten als andere, Zeit gewinnen. Noch ist der Kunde dankbar für diesen Unterschied. Noch kann ein Unternehmen damit einen Unterschied machen und sehr erfolgreich sein.

Naturgewalten und Türöffner

Es ist ein Naturgesetz: Das, was am meisten fehlt, wächst überproportional. Wenn ich als Kunde überall nur kalten Kaffee bekomme, bin ich froh und dankbar, wenn ich irgendwo einen heißen ergattere. Wenn Kundenorientierung also Standard ist und ich mich als Unternehmen davon abhebe, kann ich mit sehr geringem Aufwand bereits überproportional erfolgreich sein. Noch siegen die Einäugigen unter den Blinden. Aber wie lange noch?

Im Umkehrschluss: Wenn alle erkannt haben, dass es ein Heißgetränk braucht, dann müssen Sie sich schon wieder was Neues einfallen lassen. Wenn also alle die Wichtigkeit des Kunden erkannt haben, wenn alle ihre Produkte perfektioniert und mit einem Servicepaket ausgestattet haben, dann müssen Sie den üblichen Pfad verlassen. Dann stehen Sie vor einer neuen Tür. Es ist die Tür des Wissens.

Wenn alle erkannt haben, wie wichtig der Kunde ist, dann stehen wir vor einer neuen Tür: der Tür des Wissens.

Einige haben diese Tür schon einen Spaltbreit aufgemacht. Das Gros der Unternehmen ist jedoch noch auf dem Weg dorthin. Aufzuhalten ist das Ganze nicht mehr. Die Industriegesellschaft wird zu einer Wissensgesellschaft. Das stellt die Spielregeln aus der industriellen Welt auf den Kopf. In der industriellen Welt brauchten wir die Grundelemente Boden, Arbeit und Kapital. Heute wird weltweit produziert, oft nicht einmal mehr in eigenen Fabriken, sondern auf Lizenzbasis, sodass man im Zweifelsfall sogar den Lieferanten schneller wechseln kann. In der Internetwelt spielt dieser Faktor eine zu vernachlässigende Rolle. Auch Arbeit können Sie heute virtuell einkaufen. Viele Softwareunternehmen lassen mittlerweile in Indien programmieren. Selbst Kapital kann man heute über bankenunabhängige Anbieter wie Crowdfunding-Plattformen bekommen.

Die neue Welt ist wissensbasiert und setzt andere Prioritäten. Wenn Sie heute erfolgreich sein wollen, brauchen Sie kaum Material, Sie brauchen Herz und Kopf. Die neue Welt des Wissens ermöglicht es einzelnen Menschen, erfolgreicher zu sein als fast alle klassischen Unternehmen. Und zwar dann, wenn sie sich auf ein Thema spezialisieren. Wenn sie eine Fähigkeit besitzen, die andere nicht haben.

Gary Vaynerchuk

Der US-amerikanischer Weinhändler Gary Vaynerchuk verkostete täglich Weine vor laufender Kamera und veröffentlichte diese Videos in seinem Blog »Wine Library TV«. Seine unkonventionelle Art bescherte ihm täglich mehr als 60.000 Zuschauer und Auftritte in US-Talkshows.

Viele Menschen verbinden Weintrinken immer noch mit weißhaarigen, Zigarre rauchenden Männern vor einem lodernden Kamin. Der Amerikaner hat mit diesem Bild gründlich aufgeräumt. Sein Motto: »You, with a little bit of me, we're changing the wine world.«

Gary Vaynerchuk hat es eindrucksvoll bewiesen. Durch seinen täglichen Wein-Blog wurde er zu einem weltweit anerkannten Experten. Mittlerweile gilt er sogar als einer der führenden Social-Media-Experten in den USA. Reich hat ihn das Ganze obendrein auch noch gemacht: 50 Millionen US-Dollar brachte ihm sein Geschäft ein! Was brauchte er dazu? Leidenschaft für Wein und Leidenschaft für Weintrinker. Und seine besondere Fähigkeit, Menschen zu begeistern.

In dieser neuen Welt wird Wissen die Kundenorientierung als Minimumfaktor ablösen. Bisher steckt der Fortschritt noch in den Kinderschuhen: Man geht davon aus, dass weltweit nur 4 Prozent der Unternehmen wissensbasiert sind! Interessanterweise ist es die gleiche Zahl, die noch vor einigen Jahren beim Stichwort Kundenorientierung genannt wurde.

> Wissen wird die Kundenorientierung als Minimumfaktor ablösen.

Wenn Sie sich jetzt beim Thema Wissen aus dem Fenster lehnen, können Sie Ihren Wettbewerb hinter sich lassen. Und zwar meilenweit. Ebenso gilt: Je später Sie einsteigen, desto mehr verspielen Sie den Bonus des frühen Vogels.

> Je später Sie einsteigen, desto mehr verspielen Sie den Bonus des frühen Vogels.

Wenn ich davon spreche, dass Wissen das A und O wird, dann meine ich nicht zwangsläufig nur eine Expertise in irgendetwas. Nein, ich meine vor allem das Know-how über Ihre Kunden. Kennen Sie sie wirklich? Verstehen Sie, wie sie denken und handeln? Verstehen Sie, warum Ihre Kunden kaufen oder – noch entscheidender – warum sie nicht kaufen? Der Däne Martin Lindstrom hat genau darüber das Buch *Buyology. Warum wir kaufen, was wir kaufen* geschrieben.

Ich bin überzeugt, dass eine der wichtigsten Fähigkeiten der echte Schulterschluss mit Ihren Kunden sein wird. Ob Sie wirklich zuhören und verstehen, was Ihre Kunden in ihren Köpfen und Herzen bewegt, wird darüber entscheiden, ob Sie erfolgreich sind – oder eben nicht.

> Der echte Schulterschluss mit dem Kunden entscheidet über Erfolg oder Misserfolg.

Dichter Nebel

Vor Kurzem erhielt ich den Auftrag, ein Verkaufssteigerungsprogramm für ein Bauunternehmen zu entwickeln. Ich schlug vor, zunächst Kunden und potenzielle Kunden des Unternehmens nach ihren Erfahrungen und Wünschen zu fragen: Was ist wichtig für diese Menschen, wenn sie ein Haus kaufen wollen? Ich war völlig von den Socken, dass der Inhaber das Ganze für Zeitverschwendung hielt! Letztlich stimmte er zu, wenn auch widerwillig. Wir fragten also Kunden des Unternehmens, warum sie kauften. Und wir fragten potenzielle Kunden, warum sie gerade nicht kauften. Die zentrale Erkenntnis: Kunden kaufen nicht, weil sie Angst haben. Angst vor einer Fehlentscheidung. Angst vor Pfusch am Bau, der ja in aller Munde ist. Angst, dass das Unternehmen insolvent wird und das Geld weg ist, noch bevor das Haus fertig ist. Wenn Sie selbst schon ein Haus gebaut haben, kennen Sie diese Ängste wahrscheinlich.

Damit lagen zwei ernst zu nehmende Kittelbrennfaktoren auf dem Tisch. Wenn wir denen nicht zu Leibe rückten, würden wir den Verkauf niemals ernsthaft ankurbeln können. Als ich dem Inhaber diese Erkenntnis präsentierte, lächelte er nur mitleidig. Das wäre ja wohl eine absolut typische Reaktion. Wenn man nur einmal im Leben ein Haus baue, müsse man sich zwangsläufig mit Unsicherheit herumschlagen. Damit war das Thema für ihn erledigt. Für mich nicht. Ich ließ nicht locker und nahm am nächsten Tag einen neuen Anlauf. Diesmal allerdings mit einem konkreten Vorschlag: Ich wollte mit ihm gemeinsam den TÜV besuchen. Meine Idee dahinter: Zukünftig sollten alle Häuser, die dieses Unternehmen baut, vom TÜV abgenommen werden. Nicht nur der Inhaber war erstaunt, sondern auch die Verantwortlichen beim TÜV.

Das Thema »Qualität beim Hausbau« war für den TÜV ein völlig neues Terrain, man hatte bis dahin noch nie ein Haus abgenommen. Gemeinsam erarbeiteten wir die konkreten Abnahmekriterien. Damit **Damit entstand** entstand etwas ganz Neues: ein TÜV für das Bau-**etwas ganz Neues: ein** en. So war eine große Angst der Bauherren – die **TÜV für das Bauen.** Angst vor Mängeln – aus dem Rennen.

Weiter ging es mit der finanziellen Sorge. Wir entwickelten gemeinsam mit einer Versicherung ein Konzept, das dem Bauherrn garantiert, dass sein Haus auch im Fall einer Insolvenz fertig wird. Und damit war auch die zweite Angst vom Tisch. Ergebnis: Das Unternehmen konnte seinen Umsatz enorm steigern!

Warum erzähle ich Ihnen diese Geschichte? Weil sie etwas ganz Entscheidendes zeigt: Wenn Sie die Ängste und Sorgen Ihrer Kunden nicht ernst nehmen – oder sie vielleicht nicht einmal kennen –, stochern sie letztlich immer im Nebel, verbleiben selbstverliebt in Ihrem eigenen Universum. Alles, was Sie auf dem Markt anbieten können, basiert letztlich auf Vermutungen. Sie backen möglicherweise ein perfektes Brot mit allem Drum und Dran. Doch Ihr Kunde kauft kein Brot, weil er gelesen hat, dass Weizen angeblich krank macht. Und Sie wundern sich über den Absatzeinbruch. Sie argumentieren mit wertvollen regionalen Zutaten. Alles für die Katz. Erst wenn Sie Ihrem Kunden zuhören, erst wenn Sie wissen, warum er kauft – und vor allem, warum nicht –, haben Sie das passende Werkzeug an der Hand, um etwas Bahnbrechendes auf den Markt zu bringen.

Erst wenn Sie wissen, warum Ihr Kunde kauft und warum nicht, können Sie etwas wirklich Bahnbrechendes auf den Markt bringen.

Kaffee trinken mit George Clooney

Ich habe Ihnen von Gary Vaynerchuk erzählt, der mit seiner Leidenschaft für Wein Millionen verdient hat. Ohne diese Fähigkeit wäre er sicher in der Beliebigkeit versunken, womöglich sogar schon weg vom Fenster. Es ist heute wichtiger denn je, dass Sie sich fragen: Was kann ich besonders gut? Was macht mein Unternehmen unverwechselbar? Und damit meine ich nicht das 100. Feature, das die anderen noch nicht haben. Nein, ich meine vielmehr: Welche Fähigkeit kann Ihr Unternehmen einbringen – neben Produkten und Lösungen?

Welche besondere Fähigkeit können Sie einbringen?

Vielleicht ist es Ihre Fähigkeit zur Inszenierung? Unternehmen wie Nespresso machen es vor. Wenn Sie heute in einen Nespresso-Shop gehen, geht es dort nicht um einen perfekten Kaffee oder einen perfekten Service. Nein, hier wird ein kompletter Lifestyle inszeniert. Das Unternehmen hat es geschafft – auch durch George Clooney als cleveren Werbeträger –, zu einer Kultmarke zu werden. Oder schauen Sie sich die richtig guten Hotels an, beispielsweise die Hotelgruppe Four Seasons und auch das Hotel Stock. Sie haben die Fähigkeit, Menschen zu verblüffen, indem Sie Wünsche erfüllen, noch bevor der Gast wusste, dass er sie hat. Perfekter Service als eine Herzensangelegenheit macht diese Hotels unverwechselbar.

Oft entspringt eine Fähigkeit auch aus einer Herzenssache. Nach einer Veranstaltung in Wien sprach mich ein Teilnehmer an. Er stand kurz davor, das Lebensmittelgeschäft seiner Eltern zu übernehmen und bat mich um eine Empfehlung. Dabei schaute er mich nicht besonders glücklich an. Also bohrte ich nach: »Wollen Sie das denn wirklich?« – »Eher nicht«, kam es wie aus der Pistole geschossen. Ich fragte ihn, was er denn gern machen würde, angenommen, er hätte die freie Wahl. Er schaute mich etwas verdutzt an. Ich half ihm auf die Sprünge: »Was ist denn Ihr Hobby?« Als er antwortete, sein Hobby seien Uhren, schlug ich ihm vor, diese Fähigkeit zum Business zu machen und ein Uhrengeschäft zu eröffnen. Heute ist die Firma Chronothek in Österreich und weit darüber hinaus ein sehr erfolgreicher Anbieter von neuen und gebrauchten Luxusuhren.

Chronothek

Chronothek wurde 1998 gegründet und ist ein auf hochwertige Sammleruhren spezialisiertes Fachgeschäft. Im Mittelpunkt der Firmenphilosophie steht die kompetente Beratung beim An- und Verkauf von antiken, klassischen und modernen Uhren. Das Unternehmen hat sich der traditionellen Uhrmacherkunst verschrieben und wendet sich an Sammler und Liebhaber.

Wirkliche Innovationen haben ihre Grundlage oft in einer ganz besonderen Fähigkeit, in einer Passion oder einer Herzensangelegenheit. Hinzu kommt die felsenfeste Überzeugung, dass es nur so geht. Es gibt letztlich keine Alternative für diese Unternehmer. Politisches Kalkül oder Taktik? Fehlanzeige. Hier fließt Herzblut. Und hier thront ein ordentlicher Dickkopf. Ihre ureigene Fähigkeit ist der Stoff, aus dem Ihr Erfolg gemacht wird. Diese Fähigkeit ist es, die Sie am Wettbewerb vorbeiziehen lässt, denn die Fähigkeit, etwas besser zu können als alle anderen, ist glücklicherweise nicht zu kopieren.

> **Die Fähigkeit, etwas besser zu können als alle anderen, ist glücklicherweise nicht kopierbar.**

Welche Rolle hat der Kunde in diesem Spiel? Er hilft bei der Problembeschreibung. Dadurch erhält das Unternehmen das notwendige Futter, aus dem es die Kreation schöpft. Wie die Lösung dann aber aussieht, liegt beim Unternehmen selbst. Selbst wenn Sie sich bei der Lösung von Ihren Kunden inspirieren lassen, ist es doch letztlich Ihre Aufgabe, daraus etwas Einzigartiges zu machen.

Auf den Punkt

- 80 Prozent der Unternehmen denken heute noch in Produkten. Kunden aber wollen Lösungen.

- Dort, wo Kundenorientierung noch Mangelware ist, können Unternehmen mit etwas mehr Service noch Punkte holen.

- Wissen wird die Kundenorientierung als Minimumfaktor ablösen.

- Erfolgreich ist, wer weiß, warum seine Kunden kaufen. Und warum nicht.

- Wirkliche Innovationen haben ihre Grundlage oft in einer ganz besonderen Fähigkeit.

- Erfolg = Fähigkeit + Kundenbeziehung

18. Helfen ist die Chance

Dass die Strategie entscheidend ist, hat sich in der Businesswelt längst herumgesprochen. Deshalb ist das Thema Positionierung so entscheidend. Welches sind die häufigsten Unternehmensstrategien? Was wird Start-ups empfohlen? Eine der folgenden drei Strategien: Kostenführerschaft, Differenzierung oder Nische. Hört sich plausibel an – allerdings nur aus der internen Sicht eines Unternehmens. Denn bei dieser Betrachtung fehlt, Sie ahnen es schon: der Kunde!

Meiner Meinung nach sind die meisten Businessstrategien schlichtweg falsch: Sie stellen nicht den Kunden in den Mittelpunkt, sondern ihren eigenen Nutzen. Wie schon gesagt: Selbst bei Unternehmen, die sich mit einem Motto wie »Profit is the name of the game« nicht identifizieren würden, steht der eigene Erfolg oft vor dem Erfolg des Kunden.

Das größte Problem dabei: Die meisten Strategien orientieren sich nicht an klar umrissenen Kundengruppen. Und wenn sie doch eine Kundengruppe definiert haben, hinterfragen sie häufig zu wenig, was deren wirkliche Interessen sind. Die Auswirkungen sind bekannt. Solange genügend Kapital vorhanden ist und die Aktionäre bereit sind stillzuhalten, können auch solche Unternehmen weiterwachsen. Diesem Wachstum fehlt jedoch das Fundament.

Die einzig tragfähige Basis für langfristige Geschäftsbeziehungen ist die Unternehmensführung aus der Sicht des Kunden und nicht aus der Sicht der Eigeninteressen. Mit der strategischen Perspektive aus Kundensicht wird ein Unternehmen sogar erheblich bessere Erfolge haben und somit Kundeninteressen und eigene Interessen ideal miteinander verbinden können. Das Unternehmen wächst so sicherer und schneller. Genau das machen die meisten Strategien nicht. Hier wurde versäumt, das Individuum in den Mittelpunkt zu stellen.

Dabei ist es ausgesprochen einfach, die Grundprinzipien des dauerhaften Erfolgs einzuhalten. Das Prinzip lautet: Nutzenstrategien statt Produktstrategien. Einen wichtigen Beitrag hierzu lieferte auch Wolfgang Mewes, der Systemforscher und Erfinder der EKS-Strategielehre. Diese Strategie hat über Jahrzehnte bewiesen, einschließlich meines eigenen Beispiels, dass dauerhafter Erfolg sich nur an Menschen orientieren kann.

Das Prinzip des dauerhaften Erfolgs: Nutzenstrategien statt Produktstrategien.

Menschen bleiben, Produkte gehen ...

Das betrifft die Menschen und Kunden, denen Sie einen überragenden Nutzen bieten und deren Interessen Sie genau treffen. Nutzen und Interessen verändern sich, aber die eigene Kundengruppe bleibt. Die EKS-Strategielehre argumentiert: Zielgruppenbesitz ist wichtiger als das Produkt. Lassen Sie tolerant den Begriff »Besitz« einmal stehen, dann trifft das sicher zu. Natürlich kann niemand eine Zielgruppe im eigentlichen Sinn »besitzen«. Sie können sie nur unterstützen und partnerschaftlich handeln. Dabei spielt bei der Entwicklung einer Unternehmensstrategie der individuelle Mensch eine entscheidende Rolle.

Warum können trotzdem viele Unternehmen wachsen, obwohl sie sich nicht an diese Grundregeln halten? Weil manche Branchen noch ein Wachstum haben, bei dem Fehler toleriert werden. Weil in diesen Märkten der Bedarf noch nicht gedeckt ist.

Wenn es auf diesem Marktplatz aber enger wird, wird die Regel gelten: Pro Segment können nur drei Anbieter erfolgreich agieren. Ein paar weitere sind dann noch mit dabei, der Rest wird aber gar keine Rolle mehr spielen und vom Markt verschwinden. Umso wichtiger ist es, Erster mit einer eigenen Strategie zu sein, die die Spielregeln des Markts verändert.

Beobachten Sie nur einmal die Entwicklung der Onlinebuchhändler – von Amazon über Buecher.de bis Buch.de et cetera. Mittlerweile ist deutlich, wer das Rennen gemacht hat. Amazon hat von Anfang an einen ganz klaren Fokus in der Kundenzufriedenheit und Kundenbegeisterung gehabt. Hier entscheidet die richtige Zukunftsstrategie: sich vom Produktdenken zu verabschieden und einen neuen Weg zu gehen. Einen solchen neuen Weg geht das Unternehmen IBM seit einiger Zeit.

Alles auf Anfang

IBM hat sich entschieden, zu jeder Zeit ganz vorn mitzuspielen – und hat dafür mehrfach seinen Kurs geändert. An diesem Beispiel können Sie erkennen, dass ein Unternehmen in der Regel drei Stufen durchläuft.

IBM

IBM (International Business Machines Corporation) ist eines der weltweit führenden Unternehmen für Hardware, Software und Dienstleistungen im IT-Bereich. Das Unternehmen mit Sitz in Armin im US-Bundesstaat New York ist vom Umsatz her der weltweit drittgrößte Softwarehersteller und gleichzeitig eins der größten IT-Beratungshäuser. Aktuell beschäftigt IBM weltweit etwa 430.000 Mitarbeiter. Für IBM Deutschland arbeiten an rund 40 Standorten mehr als 20.000 Mitarbeiter.

Quelle: Wikipedia

Als das Unternehmen gegründet wurde, definierte IBM sein Geschäft so: »Unser Geschäft ist die Herstellung von Lochkartenmaschinen.« Das kann sich heute keiner mehr vorstellen. Das Unternehmen war ganz klar im Produktgeschäft verankert. Das geht in der Regel so lange gut, bis es Wettbewerber gibt, die das Gleiche ein bisschen besser und ein bisschen billiger anbieten.

IBM erkannte die Zeichen der Zeit und definierte ein neues Kerngeschäft: »Unser Geschäft ist die Datenverarbeitung.« Wir würden es heute als eine problemlösungsorientierte Form der Geschäftsstrategie bezeichnen. In dieser Phase war das Unternehmen ebenfalls sehr erfolgreich. Es wurde zu einem servicegeführten Unternehmen der Extraklasse und konnte damit bereits viele Hersteller, die ausschließlich Produkte verkauften, in die Schranken verweisen.

Doch bei jeder Geschäftsidee gibt es immer nur einen kurzen zeitlichen Vorsprung, bis Wettbewerber auf diesen Zug aufspringen. IBM sah sich daher sehr bald gezwungen, ein drittes Mal seine Überlebensstrategie neu zu definieren. Dieses Mal radikal: nicht mehr die Produkte und Services standen im Vordergrund, sondern eine extrem ernst gemeinte Kundenorientierung. Eine radikale Trendwende vom IT-Unternehmen zu einer Hightech-Unternehmensberatung. Eine absolute Palastrevolte: Man wollte jetzt nicht mehr verkaufen oder tollen Service bieten. Nein, das Unternehmen wollte die Kunden schlicht und ergreifend bei ihrem Geschäft unterstützen. Produkt egal.

Ich habe das neue Kerngeschäft auf einem meiner Vorträge so definiert: »Das IBM-Geschäft ist es, zu helfen, damit unsere Kunden selbst bessere Geschäfte machen.« Mein Folgeredner damals: Hans-Olaf Henkel, der ehemalige Vorsitzende des BDI und damaliger Vorsitzender der IBM-Geschäftsleitung. Als er nach meinem Vortrag auf die Bühne kam, bestätigte er, dass manche Diskussion im Unternehmen einfacher gewesen wäre, wenn man diesen Schlüsselsatz als Grundlage gehabt hätte.

Der strategische Ansatz ist weitreichend. IBM entwickelte sich zu einem der weltweit führenden Beratungsunternehmen. Es unterstützt Kunden dabei, in ihrem täglichen Geschäft erfolgreicher zu werden.

Damit ist IBM eines der Unternehmen, die den zentralen Leitsatz meines Clienting-Konzepts erkannt haben und konsequent in die Praxis umsetzen. Die IBM-Berater mussten dabei ihr Mindset mehr oder weniger auf den Kopf stellen. Sie sind jetzt Erfolgsberater. Der geschäftliche Erfolg ihrer Kunden bildet die Basis der Zusammenarbeit. In dieser dritten Stufe ist das Geschäftsmodell dermaßen komplex, dass es letztlich nicht mehr kopiert werden kann.

»Wir helfen, damit unsere Kunden bessere Geschäfte machen.« Dieser Leitsatz gilt letztlich für sämtliche Kunden im B2B-Bereich. Jedes Unternehmen kann ihn als Leitsatz hernehmen. In der Folge gilt es herauszuarbeiten, wie es seine Kunden am besten dabei unterstützen kann, erfolgreich zu sein. Doch auch für den Consumer-Bereich lässt sich ein ähnlicher Leitsatz aufstellen: »Unser Geschäft ist es, mit allen Mitteln und Möglichkeiten zu helfen, damit unsere Kunden besser leben.«

»Wir helfen, damit unsere Kunden bessere Geschäfte machen.«

Helfen hilft

Sie merken schon: Diese beiden Leitsätze haben einen völlig anderen Anspruch, als Produkte zu liefern und Service zu bieten. Das Schlüsselwort heißt »helfen«: Sie sind kein Lieferant oder Produzent, sondern ein Partner Ihres Kunden. Verkäufer sind in der Regel zu hart. Helfer aber sind willkommen.

Ich habe lange gebraucht, den Unterschied zwischen »helfen« und »dienen« herauszuarbeiten. Dienen ist nicht auf Augenhöhe, helfen schon. Lieber helfen Sie in einem Punkt, als in zehn Punkten zu dienen. Denn Letzteres tun Ihre Wettbewerber sowieso schon: Service bieten.

Auf einer Veranstaltung traf ich einen Zahnarzt aus Mailand. Als ich ihn fragte, was er beruflich mache, beschrieb er sein Geschäft so: »Im Gesicht eines Menschen gibt es nur zwei Ausdrucksformen für

Schönheit. Die eine ist die Augenpartie und die andere ist die Mundpartie. Und ich habe mich auf die Mundpartie spezialisiert. Glauben Sie, da stellt heute noch einer die Frage, wie teuer es ist?« Sein Geschäft liegt übrigens im besten Viertel von Mailand, zwischen Gucci und Armani. Als er später einen Vortrag hielt und seine Zahlen präsentierte, ging ein Raunen durch den Raum.

Dass selbst Handwerksunternehmen neue Maßstäbe setzen können, beweist Oliver Schmidt, Starfriseur aus Düsseldorf. Ich wollte ihm nach meinem Vortrag vor Friseuren ein Kompliment machen: »Ich bin auch Düsseldorfer und höre immer wieder, was für ein toller Friseur Sie sind.« Er, wie aus der Pistole geschossen: »Ich bin kein Friseur. Ich mache Frauen zehn Jahre jünger.« Wer würde dort nicht hingehen – außer man ist unter 25 Jahre alt? Mittlerweile ist er Berater von L'Oréal, arbeitet mit Douglas zusammen, hat eigene Produktserien und eine eigene Show in einem Shoppingkanal. Immer wieder, wenn wir miteinander diskutieren, bestätigt er die Notwendigkeit, mit Kunden anders umzugehen. Und wenn er einen Vortrag hält, hängen die Zuhörer an seinen Lippen, weil sein Erfolgsmodell jeden verblüfft.

> »Ich bin kein Friseur. Ich mache Frauen zehn Jahre jünger.«
> Oliver Schmidt, Düsseldorfer Starfriseur

Oliver Schmidt

Oliver Schmidt ist einer der derzeit gefragtesten Stylisten in Deutschland. In eine Friseursfamilie hineingeboren, hat er bereits als Schüler seine Klassenkameraden frisiert. Nach einer Lehre und zwei Jahren in Paris eröffnete er mit seinem Vater seinen ersten Salon in Düsseldorf. Heute beschäftigt er rund 180 Mitarbeiter in zwölf Salons und führt eine eigene Hair Academie.

Für sein Unternehmen erhielt Oliver Schmidt die Auszeichnung »Salon des Jahres 2000«. Außerdem ist er regelmäßig als Stilberater bei privaten und öffentlich-rechtlichen Fernsehsendern eingeladen.

Quelle: www.oliver-schmidt-hairdesign.de

Helfen ist das Erfolgsprinzip, völlig unabhängig von der Unternehmensgröße. In dem Moment, in dem Sie entscheiden, dass Sie weiter sind als Ihre Wettbewerber, in dem Moment, in dem Sie Ihren Kunden wirklich helfen, werden Sie ganz neue Ideen entwickeln. Geschäftsmodelle, die aufs Helfen setzen, brechen sämtliche Rekorde. Das lässt sich auf eine einfache Formel reduzieren: Wer hilft, wird wachsen. Und: Je konkreter Ihre Problemlösung, also Ihre Hilfe ist, desto schneller wächst Ihr Unternehmen.

Wer hilft, wird wachsen.

Legen Sie gleich los! Schauen Sie sich an, was Sie richtig gut können, und überlegen Sie, für wen das eine echte Hilfe sein könnte. Definieren Sie so Ihr ureigenes Geschäftsfeld – ein Geschäftsfeld, in dem Sie besser helfen können als jeder andere Anbieter auf diesem Gebiet. Genau das ist Ihre innovative Herausforderung. Übrigens: So etwas wie Egoismus kommt in Ihrem neuen Geschäftsleben nicht mehr vor, denn das hilft Ihnen auf lange Sicht überhaupt nicht. Helfen jenseits des Egoismus bedeutet, Kundenprobleme wirklich zu erkennen und die passenden Lösungen zu entwickeln. Ich bin sicher, diese durch und durch menschliche Art des Wirtschaftens wird immer stärker um sich greifen. Unternehmen werden in Zukunft zunehmend realisieren, dass sie nicht mehr ausschließlich egoistisch agieren können, sondern dass sie eingebunden sind in ein Gesamtsystem, das den Menschen eine neue Rolle zuschreibt.

In diesem Gesamtsystem haben sich tradierte Rollen verschoben. Bereits heute sind viele Unternehmen mächtiger als die meisten Staaten und haben deshalb Verantwortung zu übernehmen. Das betrifft nicht nur den Umgang mit Kunden. Nein, ich bin überzeugt davon, dass zukünftig auch der Einstieg eines Mitarbeiters in ein Unternehmen nicht mehr ausschließlich nach den klassischen Kriterien entschieden wird, sondern auch danach, welchen Beitrag er für die Gemeinschaft leistet. Irgendwann in der Zukunft werden diese Ziele auch in Businessplänen verankert werden.

Vor uns liegt das Jahrzehnt der Wiederentdeckung des Menschen – und damit auch der Wiederentdeckung der Menschlichkeit. In einem solchen Jahrhundert ist Helfen eine wunderbare und einzigartige Option!

Auf den Punkt

- Betrachten Sie Ihr Geschäftsmodell mit den Augen Ihrer Kunden.

- Kunden kennenlernen ist viel mehr, als Zielgruppen zu definieren.

- Dauerhafter Erfolg kann sich nur am Menschen ausrichten.

- Unternehmen durchlaufen in der Regel drei Stufen: Produktorientierung, Serviceorientierung und Lösungsorientierung. Auf jeder Stufe muss sich das Unternehmen mehr oder weniger neu erfinden.

- Helfen ist das Erfolgsprinzip. Wer es zum Geschäftsmodell erhebt, bricht alle Rekorde.

- Ihre innovative Herausforderung: ein Geschäftsfeld, in dem Sie besser helfen können als jeder vergleichbare Anbieter.

19. Die nächste Generation der Kunden

»Würden Sie uns weiterempfehlen, und wenn ja, mit welchem Wert auf einer Skala von 1 bis 10?« Sie kennen diese entscheidende Schlüsselfrage bereits. Sie gibt Ihnen sofort einen Eindruck über den Erfolg oder Misserfolg Ihres Angebots. Zudem hilft sie dabei, die Spielregeln des Clienting im Blick zu behalten. Und was ich an dieser Frage besonders mag: Sie kommt gut an, in den unterschiedlichsten Kontexten und sowohl bei Neukunden wie auch bei Bestandskunden.

Warum ist es so wichtig, diese Frage wiederholt zu stellen? Ganz klar: Weil ein Unternehmen stets neue Kunden braucht, um sich weiterzuentwickeln, um zu wachsen. Wer sind diese neuen Kunden? Was suchen sie, was zeichnet sie aus? Was ist charakteristisch für die nächste Generation? Auch mit diesen Fragen sollten Sie sich auseinandersetzen – für **Wer sind die neuen Kunden? Was suchen sie, was zeichnet sie aus? Was ist charakteristisch für die nächste Generation?** heutigen und künftigen Erfolg. Ich gebe es gleich zu: Einheitliche Antworten gibt es nicht. Doch es lassen sich Tendenzen aufzeigen, schon allein in demografischer Hinsicht. Das möchte auch ich in diesem Kapitel tun.

Zunächst einmal will ich aber auf die Frage eingehen, wie Sie Kunden kennenlernen und ködern können. Einen genialen Grundsatz kennen Sie wahrscheinlich schon: Eine Spezialisierung auf die unentdeckten, aber auch bekannten Interessen bringt innovative Lösungen hervor, mit denen Sie Ihre Kunden begeistern. Mehr noch: Sie verblüffen sie geradezu. Regelmäßige Feedbackschleifen zeigen Ihnen, wie der Kunde denkt, woran er glaubt und was er im Sinn hat, wenn er Ihre Produkte kauft oder Ihre Leistungen in Anspruch nimmt.

Erlauben Sie mir in diesem Zusammenhang einen Exkurs zum NPS-System. Bereits zu Anfang habe ich betont, wie gut mir dieser pragmatische Einstieg gefällt. Der Net Promoter Score (NPS) wurde von Harvard-Professor Fred Reichheld im Jahr 2003 entwickelt und durch Bain & Company wissenschaftlich belegt. Ausgangspunkt ist immer der Kunde. Mindestens einer, bestenfalls mehrere. Wenn Sie also Kunden haben, stellen Sie diesen die NPS-Frage! Überlegen Sie, ob es Sinn für Sie macht, diese Idee auch auf neue Kunden zu übertragen. Laden Sie zum Beispiel potenzielle Interessenten ein und fragen Sie dann: »Was würde Sie motivieren, bei uns zu kaufen?«

Mit etwas Glück erfahren Sie sehr schnell, wie Sie aus potenziellen Kunden Käufer machen. Sie können diesen Ansatz übrigens auch bei abgesprungenen Kunden anwenden. In diesem Fall lautet die Frage etwa: »Warum genau kaufen Sie jetzt nicht mehr bei uns?« Das lohnt sich. Denn es gibt immer gute Gründe, warum Menschen etwas ablehnen, abbestellen, abwählen. Warum sie das Waschmittel wechseln oder die Wohnzimmergarnitur. Das passiert immer wieder. Doch es ist für Sie kein Grund zur Verzweiflung, sondern ein Anlass, um nachzufragen: Sie sollten wissen, warum Ihre Kunden dies oder jenes tun – um dann entsprechend zu handeln.

Sie sollten wissen, warum Ihre Kunden dies oder jenes tun – um dann entsprechend zu handeln.

Das Konzept des »Direct Feedback«, so will ich es einmal nennen, können Sie – vom Harvard-Konzept mit NPS bis zu regelmäßigen Ideendialogen – konsequent und einfach umsetzen. Direkte Dialoge, die verstehen helfen, wie die Kunden ticken, sehe ich bei jeder Zielgruppe als Chance, in Echtzeit am Ball zu sein und zu bleiben.

Vergessen Sie nicht: Sie müssen wissen, was Ihre Kunden umtreibt. Ja, sogar die Menschen, die künftig Ihre Kunden sein könnten. Alle von mir vorgestellten Konzepte basieren darauf, dass Sie Ihre Kunden kennen, auch wenn es – noch! – Nichtkunden sind.

Doch was tun, wenn eine große Kundengruppe wegbricht? Denken Sie nur an den starken Geburtenrückgang. Er stellt Unternehmer, die sich etwa auf Kinder spezialisiert haben, vor große Herausforderungen. Ein Grund zur Panik? Keineswegs.

Neue Kundengruppen, neues Glück

Sie können die Sache auch positiv sehen. Und das sage ich jetzt nicht einfach so daher. Wenn alte Kunden wegbrechen, müssen Sie eben neue Kunden definieren, die nächste Generation entdecken – am besten vor den Wettbewerbern. Im Grunde genommen geht es vor allem darum, *wie* Sie neue Kundengruppen erschließen. Ich verspreche Ihnen: Wenn Sie sich in deren Welt begeben, werden Sie sehen, wie diese Menschen denken, und neue Lösungen entwickeln. Dabei ist entscheidend, wie und wo Sie die nächste Kundengeneration erreichen. Wichtig ist auch die Frage, welche besondere Vermarktung gefragt sein wird.

Lassen Sie mich nun einmal beispielhaft drei spannende Kundenkreise der nächsten Generation genauer betrachten, die als besonders wachstumsintensiv gelten: Digital Natives, Frauen und Best Ager. Diese drei gelten als besonders wachstumsintensiv, sind aber gleichzeitig noch nicht oder zu wenig erschlossen. Sie werden gleich sehen, warum Sie sich intensiv mit diesen Gruppen befassen sollten.

Über viele Jahre habe ich gerne das Beispiel der Automobilkonzerne gebracht. Etwas ketzerisch sagte ich: »Erst 100 Jahre nachdem das Automobil erfunden wurde, entdeckten die Marketingabteilungen, dass auch Frauen Autos fahren.« Es ist fast lustig – wenn es nicht so ernst wäre. Denn sehr spät wurde auf die Anforderungen und Bedürfnisse der Frau-

Erst 100 Jahre nachdem das Automobil erfunden wurde, entdeckten die Marketingabteilungen, dass auch Frauen Autos fahren.

205

en Rücksicht genommen. Die ersten frauengerechten Autos kamen auf den Markt. Bis zu diesem Zeitpunkt waren diese Gefährte nicht mehr als eine rollende Männerdomäne.

Noch spannender wurde es, als die Konzerne die Kinder entdeckten. Als sie erkannten, dass auch diese in Autos fahren – wenngleich sie nicht hinter dem Lenkrad sitzen. Trotzdem sind sie wichtig. Als erster Automobilhersteller integrierte VW einen Kindersitz auf dem Rücksitz des Autos. Heute ist diese Einrichtung gang und gäbe, damals war sie höchst innovativ.

Kommen wir nun zu den neuen Zielgruppen.

Geboren, um zu twittern

Die nächste Generation junger kaufkräftiger Kunden sind die Digital Natives. Was steckt hinter diesem englischen Begriff? Er beschreibt eine Generation, die mit Computern, Playstation und Smartphone groß geworden ist. Während sich frühere Generationen mehr oder weniger mühsam aneignen mussten, wie man twittert oder über das Mobiltelefon eine Flugreise bucht, ist all das für die Generation der Digital Natives so normal wie Kaffeetrinken. Diese Internetexperten können sich kaum noch vorstellen, wie sich Menschen früher – ohne Smartphone – verabredet haben. Für diese jungen Kunden spielt sich das wirkliche Leben in den neuen technischen Geräten ab. Manchmal hat es sogar den Anschein, als würden sie lieber auf ihren Freund oder ihre Freundin verzichten als auf ihr Smartphone.

Diese technikaffine Generation prägt also das Kaufverhalten der Zukunft. Können Unternehmer ihnen ihre Produkte und Dienstleistungen genauso verkaufen, wie sie das bisher mit anderen Kunden getan haben? Meine Antwort: Nein. Sie haben hier einen neuen Kundentyp vor sich. Er funktioniert nicht mehr nach den Spielregeln der alten Marketingwelt. Laut Definition gehören diese Käufer zur sogenannten Generation Y.

Es fängt schon damit an, dass sich diese Generation entweder längst vom Fernsehen abgewandt hat oder dies in Zukunft mehr und mehr tun wird. Statt vor der Mattscheibe zu sitzen, schauen die jungen Leute lieber aufs Smartphone oder Tablet. Dort können die Digital Natives ihre Lieblingsserien und -programme sehen. Das ganze System ist auf den Kopf gestellt, denn der neue Kunde entscheidet selbst, wann er was sehen will. Die immer zahlreicher werdenden Video-on-Demand-Anbieter haben das verstanden. In Zukunft suchen die Menschen ihr Programm nicht über die Fernsehzeitschrift aus, sondern stellen es sich individuell zusammen. Damit gerät auch der gesamte Werbemarkt des Fernsehens ins Wanken.

Auch das klassische Lesen von Zeitungen und Zeitschriften spielt in dieser Generation eine immer kleinere Rolle. Und nun kommt die Preisfrage: Wie erreichen Unternehmen diese jungen Kunden der Generation Y, die alles hinterfragt?

Zunächst einmal ist es wichtig, im Unternehmen Gesprächspartner aus dieser Zielgruppe zu haben. Sie müssen ein Verständnis dafür entwickeln, was Menschen der Generation Y bewegt. Die klassischen Instrumente der Werbeindustrie greifen nicht mehr. Die Generation Y hat gelernt, Wahrheit von Wunschtraum in der Werbung zu unterscheiden. Diese Zielgruppe glaubt schlicht und einfach nicht mehr, was ihr da gezeigt und versprochen wird.

Die Generation Y hat gelernt, Wahrheit von Wunschtraum in der Werbung zu unterscheiden.

Deshalb liegt die große Chance, bei Generation Y zu landen, im *Social Selling*. Dieser Begriff ist so neu, dass er bislang weder in der deutschsprachigen noch in der englischsprachigen Wikipedia existiert. Unter Amerikanern allerdings wird das Thema immer wichtiger. Dieser Ansatz bietet auch noch Spielraum zur Gestaltung. Nach meiner Interpretation geht es dabei um den Aufbau von Kontakten über Social-Media-Kanäle. Für diese Kundengruppe gehören soziale Medien wesentlich zum Leben. Das heißt für Sie als Unternehmer: Sie müssen über Facebook, Twitter und was da noch kommen mag kommunizieren.

Über Blogger, die in dieser Szene als Leitfiguren dienen, bauen Sie den Zugang zu diesen Kunden aus und werden Bestandteil ihres Lebens. Im Gegensatz zu früher kommt es jetzt nicht mehr nur darauf an, Produkte zu platzieren. Wichtig ist auch zu beobachten, wie diese akzeptiert werden. Die Mitglieder der Generation Y fragen nach: Woher kommt das Material? Welche Menschen waren an der Herstellung beteiligt? Das Konzept des Clienting lässt sich auch auf das Social Selling übertragen. Stellen Sie den Kunden wieder konsequent in den Mittelpunkt.

Interessanterweise hatte ich vor Kurzem Besuch von einem Start-up-Unternehmer, der genau dafür eine Social-Selling-Plattform entwickelt hat. Er will in Kürze an den Start gehen. Die Idee ist spannend: Jeder kann zum Botschafter seiner Lieblingsprodukte werden und stellt diese öffentlich ins Netz. Wird gekauft, erhält er oder sie eine Provision. Gilt jemand als anerkannter Experte, wird sein Rat gesucht werden.

Während Angehörige der Generation Y als Sinnsucher gelten, will die Generation Z Karriere machen. Damit es nicht zu langweilig wird, steht schon die nächste Generation in den Startlöchern: die Generation Z, die Nachfolger der Millennials. Junge Kunden, die um das Jahr 2000 herum auf die Welt gekommen sind. Diese Gruppe, kurz »Gen Z« genannt, ist geprägt durch digitale Systeme und Technologien, praktisch von der ersten Lebensminute an. Im Internet kursiert ein lustiges Video. Es zeigt ein Baby, das mit seinen Fingern auf eine Zeitschrift drückt – wohl in der Erwartung, dass sich der papierne »Touchscreen« bewegt.

Diese Generation gehört zu den Digital Natives, die neue Technik quasi mit der Muttermilch aufgesogen haben. In Bezug auf die Priorität en gibt es interessante Unterschiede zwischen Generation Y und Gen Z. Während Angehörige der Generation Y als Sinnsucher gelten, will die Gen Z Karriere machen, Führungspositionen besetzen. Für Unternehmen bedeutet das wieder ein Umdenken. Sie müssen erneut herausfinden, wie sie auch diese Kunden ködern können. Denn diese denken schon wieder anders, handeln anders, kaufen anders. Es bleibt also spannend.

Auf zu den Frauen mit Anspruch!

Eine weitere spannende Kundengruppe ist ausschließlich weiblich: Frauen zwischen 40 und 50 Jahren. Das Unternehmen Supplementa beispielsweise hat sich auf diese Zielgruppe und die darauf folgenden Best Ager spezialisiert. Obwohl Frauen mittleren Alters das Internet genauso nutzen, um etwa einen Flug nach Mallorca zu buchen, gehen sie doch mit den Möglichkeiten der digitalen Welt anders um. Inwiefern?

Frauen in diesem Alter sind bestimmten Dingen gegenüber aufgeschlossener und sie lassen sich durchaus noch über klassische Werbung ansprechen. Das heißt: Auch Flyer und Anzeigen können hier erfolgreich sein. Frauen mittleren Alters gelten als Kunden mit großem Potenzial, denn bisher gehen Unternehmer viel zu wenig auf ihre Bedürfnisse ein. Frauen der genannten Altersgruppe haben ihre eigene Sicht der Dinge. Sie verändern ihre Prioritäten und erwarten, dass ihre individuelle Situation berücksichtigt wird. In dieser Zielgruppe eröffnen sich Unternehmern interessante Perspektiven, etwa bei den Themen Fitness und Gesundheit.

Beispielsweise hat sich die Firma Bodystreet unter anderem auf diese Kundengruppe spezialisiert. Sie bietet ein 20-minütiges sogenanntes EMS-Training an. EMS steht für Elektro-Muskel-Stimulation. Es ist letztlich nichts anderes als die gezielte Verstärkung körpereigener elektrischer Reize mithilfe eines speziellen Geräts. Die Anwendung

soll anderthalb Stunden in einem klassischen Fitnessstudio entsprechen. Dementsprechend lautet das Werbemotto: »Das Fitnessstudio, das Zeit spart.« Dieses Unternehmen auf Franchisebasis entwickelt sich rasant. Dabei ist besonders wichtig: Bodystreet wirbt mit
den richtigen Unternehmenswerten für diese Zielgruppe. Obwohl
das System sicherlich für alle geeignet ist, bietet es insbesondere für
Frauen besondere Vorteile.

Bodystreet

Bodystreet ist ein Fitnessstudiokonzept, das auf der Methode der
Elektromuskelstimulation aufbaut – ein Trainingskonzept, das aus
der Astronautik und aus der Sportmedizin stammt. Im Rahmen eines Franchisesystems hat das Unternehmen derzeit 180 Standorte und zählt zu den am schnellsten wachsenden Studiokonzepten
Europas.

Quelle: www.bodystreet.de

Auch hier kann das Konzept des Clienting zusätzliche Ansätze bie-
ten. Ich stelle mir etwa in diesem Fall eine Möglichkeit vor, online
Termine zu buchen. Es gilt wieder das altbekannte Grundprinzip:
Hören Sie hin, was der Kunde will – und handeln Sie danach!

Der Seniorenhandy-Flop

Last, but not least komme ich auf eine Kundengruppe zu sprechen,
deren Marktanteil ausgesprochen rasant wächst: die Best Ager. Seit
mindestens zehn Jahren habe ich diese Zielgruppe auf dem Schirm.
Auf Kongressen und Konferenzen bescheinigen
Redner ihr immer wieder großes Wachstumspotenzial. Allerdings habe ich den Eindruck, dass
Unternehmen diese Kunden nur halbherzig ange-
hen – wenn überhaupt. Manchmal wirkt es so, als könnten Firmen
diese Zielgruppe ganz und gar nicht verstehen. Ich weiß, wovon ich

Unternehmen gehen die Best Ager nur halbherzig an – wenn überhaupt.

spreche. Schließlich gehöre ich inzwischen auch zum Klub der Best Ager, fühle mich aber immer noch wie Mitte vierzig.

Wenn Sie in einen neuen Markt hineingehen, macht es Sinn, sich mit Menschen zu umgeben, die dem Profil des zu gewinnenden Kunden entsprechen: 25-Jährige verstehen ihre eigene Altersgruppe genau, 50-Jährige eher weniger – und umgekehrt. Das heißt für Sie: Spiegeln Sie Ihre Kundengruppe nach innen und außen. Leider wird dies oft versäumt.

Bestimmt erinnern Sie sich an den einen oder anderen Flop der letzten Jahre. An Produkte, die am Markt vorbeigingen, vor allem am Kunden. Ein Beispiel ist das Seniorenhandy. Telekommunikationsanbieter hatten die Idee, Telefone mit nur noch drei oder vier Tasten zu fertigen. Der Vorteil liegt buchstäblich auf der Hand: eine einfache Bedienung. Trotzdem floppte das Produkt. Ich sage sogar: Es musste floppen. Denn die Kundengruppe Best Ager will nicht als unterbelichtet gelten. Diese Produktidee stempelte die Senioren ab, als Konsumenten zweiter Klasse mit weniger Geschick und geringerer geistiger Kompetenz. Bedenken Sie deshalb: Wenn Sie die Best Ager als ideale Zielgruppe sehen, müssen Sie in die Szene eintauchen, sich ein Bild machen von den Bedürfnissen älterer Menschen. Ideen entstehen nämlich von innen nach außen – selten umgekehrt.

Egal ob Sie Senioren, Frauen oder Digital Natives ansprechen wollen – die wichtigsten Spielregeln für den Erfolg bleiben gleich. Immer geht es um folgende Prozesse: eintauchen, verstehen, lernen, testen, umsetzen. Gehen Sie bewusst auf die Suche nach Kundengruppen, an die Sie bisher gar nicht gedacht haben. Dann stellen Sie Ihren neuen Kunden die entscheidende Frage: »Würden Sie uns weiterempfehlen, und wenn ja, mit welchem Wert auf einer Skala von 1 bis 10?« Wenn jetzt als Antwort »10« kommt, wissen Sie: Sie haben gewonnen!

Die wichtigsten Spielregeln für den Erfolg: eintauchen, verstehen, lernen, testen, umsetzen.

Auf den Punkt

- Direkte Dialoge helfen zu verstehen, wie Kunden ticken.

- Die nächste Generation junger kaufkräftiger Kunden sind die Digital Natives.

- Die Chance für die Generation Y liegt im Social Selling.

- Ideen entstehen von innen nach außen.

20. Anfang statt Ende

Wissen Sie, was mich freuen würde? Wenn Sie dieses Buch inzwischen selbst vollgeschrieben hätten – mit Ihren eigenen Notizen. Oder in der E-Book-Version die entsprechenden Sätze hinterlegt hätten. Sogar noch lieber wäre es mir, wenn Sie in Ihrem Unternehmen gleich damit angefangen hätten, die »Herzenssache Kunde« zu leben. Wenn Clienting also für Sie nun bedeutet: Ich muss handeln!

Sie werden schneller vom Markt gefegt, als Sie es realisieren können. Es sei denn, Sie treffen Vorsorge!

Warum betone ich das immer wieder? Weil sich die Welt so rasant wandelt. Wenn Sie dies nicht berücksichtigen, werden Sie schneller vom Markt gefegt, als Sie es realisieren können. Es sei denn, Sie treffen Vorsorge. Genau dabei möchte ich Sie mit diesem Buch unterstützen.

Es ist nicht das erste Mal, dass ich in einer Publikation Prognosen stelle für die Zukunft der Wirtschaft. Auch in früheren Büchern habe ich insbesondere zwei Ziele angestrebt. Erstens sollten meine Werke auch noch zehn Jahre nach der Veröffentlichung lesbar sein und zweitens auch danach noch zu neuen Ideen inspirieren. Deshalb schließe ich meine Werke gerne mit einem visionären Touch. Ich gebe Ihnen ein Beispiel: In *Abschied vom Verkaufen* aus dem Jahr 1997 beschrieb ich einen typischen Alltag, blickte dabei jedoch zehn Jahre in die Zukunft. Ich stellte mir die Frage: Wie lebt ein Verkäufer im Jahr 2007? Hier ist ein Auszug mit der Antwort:

»David freut sich über Yan Wans Erfolg, die Idee, die Kunden einzubeziehen, stammt von ihm. Dann bittet er Arni, die restlichen Video-News noch einmal vorzulesen. Er hört sich jetzt die Info seines Teamchefs an, den man früher Verkaufsleiter nannte.

Heute werden die Teamchefs von den Mitarbeitern gewählt. Für
eine bestimmte Zeit oder für eine bestimmte Aufgabe.
Davids Teamchef gratuliert ihm, weil David erfolgreich neue
Kunden geworben hat. Er hat den Wettbewerbern einige Projekte
vor der Nase weggeschnappt. David muss lächeln, wenn er an das
Videogespräch denkt, das er in der letzten Woche mit seinem Kollegen von der Konkurrenz geführt hat. Dort hat man die neuen
Spielregeln immer noch nicht verstanden. Davids Company hat
längst auf Clienting umgeschaltet, denkt in Spannungsbilanzen
und Netzwerken, hat in jeder Kundenfirma einen Alliierten und
denkt in 1.000-Tage-Schritten genauso wie in 100-Tage-Schritten.
Sein Infocoach erinnert ihn daran, dass heute der 4. Juli ist, in
den USA der Independence Day oder Unabhängigkeitstag.
Deshalb kann er seine US-Kollegen heute nicht direkt erreichen.
Er denkt daran, dass es in den Neunzigerjahren einen Kinohit
gab mit dem Namen *Independence Day*. Ein Film über eine
Invasion aus dem Weltall. Geplant und koordiniert wurde die
Invasion, indem man die globalen Satellitensysteme für die
eigenen Angriffszwecke nutzte.«

Was hat sich davon bis heute überholt? Glücklicherweise gab es bis
jetzt keine Invasion von Außerirdischen, aber Satellitensysteme wurden trotzdem zweckentfremdet. Heute sind die Menschen auf dem Weg ins
Jahr 2020. Einiges, was ich mir ausgemalt habe, ist
bereits eingetreten. Vieles steht kurz bevor.

Glücklicherweise gab es bis jetzt keine Invasion von Außerirdischen, aber Satellitensysteme wurden trotzdem zweckentfremdet.

In *Triumph des Individuums* aus dem Jahr 2013 umriss ich wieder
einen typischen Tag im Leben von David – allerdings jetzt im Jahr
2020. Lesen Sie nun, wie ich mir dieses Szenario vorgestellt habe:

»Verkäufer David, mittlerweile 42, wird wach. (…) Auf ein Wort
ist ein Espresso brühfertig. Aber er will noch warten. Eine Ta-
geszeitung ist mittlerweile sein persönliches Informationssystem
geworden, das nur die Informationen und Werbung zusammen-

stellt, die ihn interessieren. (…) Vorbei sind die Zeiten, in denen
wir mit unnützen Informationen, die uns nicht interessierten,
überschüttet wurden und fast darin ertrunken sind. Manche hatten morgens Hunderte Mails in ihren Posteingängen. Intelligente
Systeme sind mittlerweile wirkliche Helfer und sogar Assistenten
geworden. Sie können reden, antworten, recherchieren, buchen
und reservieren und sind so unverzichtbare Butler. Sie sind durch
das Haussystem allgegenwärtig abrufbar. Verlässt man das Haus,
werden alle Informationen auf die eigenen digitalen Assistenten
übertragen, die permanent alle miteinander kommunizieren.
(…) Das System geht ganz auf Ihre Ideen, Hobbys und Gewohnheiten ein und lernt immer wieder dazu. Egal ob Sie Ihren
Daumen neuerdings für einen anderen Fußballverein drücken
oder einem anderen Restaurant den Vorzug geben, das System
hat solche Informationen schnell aktualisiert. Ihr persönlicher
Assistent ist gleichzeitig auch Ihr Fitnessberater und signalisiert
Ihnen, welchen Handlungsbedarf es aktuell gibt. Wenn Sie wollen, werden Ihre Daten permanent an Ihren Arzt weitergeleitet,
der bei extremen Abweichungen reagieren kann und mit Ihnen
Kontakt aufnimmt.
(…) Ganzheitliche Lösungen bestimmen den Alltag. So stellt
sich David gut gelaunt an diesem sonnigen Julitag im Badezim-
mer vor seinen Spiegel. Mit seiner Stimme aktiviert er das
Display des Spiegels. Während er sich rasiert, kann er sich kurz
ein neues Youtube-Video von seinem besten Freund Rolf
ansehen. (…) Ein kurzer Blick, und die aktuellen Börsenkurse
seiner Aktien werden angezeigt. (…) Schnell fragt er, ob es
weitere News oder Expertenmeinungen zum Thema gibt. Er
bittet seinen Infocoach, so nennt David sein mobiles Endgerät,
noch einmal kurz die geschäftlichen Termine für die ganze
Woche zu zeigen. Nun kann er beruhigt in die Woche starten.«

So weit der Auszug mit dem Blick ins Jahr 2020.
Was sich für manche vielleicht wie ein Krimi liest,
wird immer mehr Realität. Wir stehen erst am An-

**Was sich für manche
vielleicht wie ein Krimi
liest, wird immer mehr
Realität.**

fang der Digitalen Revolution. Man könnte auch sagen: Wir sind heute auf dem Stand eines siebenjährigen Kindes. In ein paar Jahren werden wir mit einigen der hier beschriebenen Technologien so natürlich umgehen, als hätten wir diese schon immer genutzt. Oder machen Sie sich etwa noch Gedanken darüber, woher Google eigentlich die Informationen holt, die Sie permanent anfordern? Oder darüber, wie die Daten in Ihrem Navigationsgerät zustande kommen? Es ist normal geworden. Dabei ist all das erst der Anfang.

Die Art und Weise, wie wir zukünftig in unserer digitalen Welt ganz natürlich einkaufen gehen, wird durch die Decke gehen. Digitales Kaufen und Verkaufen werden schon in wenigen Jahren den klassischen Verkauf zunehmend bedrängen. Digitale Kundenerfolge auf Abruf zu schaffen, habe ich mir deshalb mit meiner Beratungsfirma auch als Kerngeschäft definiert.

Ein Ziel, viele Wege

Die wesentliche Komponente wird erst in Zukunft realisiert. Ich spreche von der Intelligenz. Ob sie nun künstlich ist oder nicht, sicher ist: Sie wird den Arbeitsalltag noch einmal erheblich vereinfachen. Schon heute können Systeme »mitdenken«.

Ein mir bekannter Schweizer Anbieter beschreibt es gerne so: Wenn Sie heute von Zürich nach San Diego fliegen wollen, wo das Unternehmen seinen zweiten Hauptsitz hat, dann bekommen Sie die üblichen Vorschläge. Google oder spezielle Onlineportale durchforsten das Internet nach dem vermeintlich günstigsten Flug. Dann werden Ihnen die Ergebnisse präsentiert. Meist beginnend mit dem billigsten Flug. Dabei berücksichtigt das System immer nur die üblichen, also bekannten Flugrouten. Es gibt ja sogenannte Drehkreuze, über deren Flughäfen der Verkehr gesteuert wird. Auch das ist in Datenbanken hinterlegt.

Nicht hinterlegt ist aber beispielsweise folgende Variante: Sie fliegen klassisch von Zürich bis Los Angeles, wechseln dann das Transportmittel und fahren mit dem Auto über den Highway nach San Diego. So würden Sie nicht nur enorm viel Geld sparen, sondern auch Zeit. Schließlich ist an Drehkreuzen nicht selten mit langen Wartezeiten zu rechnen.

Und jetzt kommt die gute Nachricht: Die künstliche Intelligenz der Zukunft kombiniert alle diese Möglichkeiten und schlägt dann den sinnvollsten Weg vor. Gefällt Ihnen das Ergebnis nicht, sucht das System nach weiteren Alternativen. Zum Beispiel könnte es Flug, Bahn und Auto miteinander kombinieren. Das ist der Anfang mobiler intelligenter Assistenten. Sie liefern nur noch das, was Sie wirklich interessiert! Alles andere fällt unter den Tisch.

Es kommt immer mehr Technologie auf den Markt, die das Leben der Menschen erleichtert. Stellen Sie sich vor: In den USA gibt es heute schon Maschinen, die selbstständig Texte verfassen. Und sie tun dies so raffiniert, dass keinem auffällt, dass hier kein Mensch am Werk war. Bevor Sie jetzt das Falsche denken: Für mein Buch habe ich solche Dienste nicht genutzt. Angesichts solcher bahnbrechenden Entwicklungen stellt sich nun aber zum Beispiel die Frage: Was passiert in Zukunft mit Journalisten? Was wird aus diesem Beruf, wenn sich Texte auch maschinell erstellen lassen?

In den USA gibt es schon Maschinen, die selbstständig Texte verfassen, und zwar so raffiniert, dass keinem auffällt, dass hier kein Mensch am Werk war.

Doch egal, in welcher Branche Sie tätig sind: Die künftigen Entwicklungen treffen garantiert auch Sie und Ihre Kunden. Natürlich ist Deutschland immer noch eine führende Industrienation und ein extrem exportorientiertes Land. Aber es geht jetzt nicht mehr um die Aktienkurse der Vergangenheit. Mein Thema ist die Zukunft. Mich beschäftigen die Herausforderungen der digitalen Welt auf dem Weg zu einer Wissensgesellschaft.

Je schneller Sie sich dieser Welt öffnen, umso besser können Sie Ihre Chancen erkennen – und nutzen. Im Idealfall natürlich bevor Ihr Wettbewerber auf diesen Zug aufspringt. Ich sage es immer und immer wieder: Zurzeit ist es noch einfach, »Erster im Internet« zu sein und zu bleiben. Bereits mit wenigen konkreten Ideen und ihrer kundenorientierten Umsetzung können Sie als Unternehmer überzeugen – sogar zum Überflieger werden. Zu beachten ist aber: In Europa leben bald nur noch 5 Prozent der globalen Bevölkerung. Das heißt: Ganze 95 Prozent kommen nicht mehr aus der sogenannten Alten Welt. Auch wenn die Kaufkraft der Europäer heute noch immer von großer Bedeutung ist, müssen Sie jetzt schon Konsequenzen ziehen. Konkret: Sie müssen sich intensiv mit den Weltmärkten auseinandersetzen, denn Sie brauchen für Ihren Absatz eine breitere Basis. Und es geht noch weiter.

Revolution mit Roboter

Ein wichtiges Schlüsselwort der Zukunft lautet »Robotics«. Tatsächlich werden Roboter eine immer wichtigere Rolle in unserem Leben spielen. Was meine ich damit? In nicht allzu ferner Zukunft helfen sie beispielsweise den Kranken, übernehmen Pflegedienste, machen sauber – ohne zu klagen. Dadurch verändern sich die Ansprüche. Alles ist in Bewegung.

Wenn Kunden fernbleiben, brechen Märkte weg oder entstehen neu. Mit anderen Worten: Märkte werden sich radikal wandeln oder von der Bildfläche verschwinden. Bestes Beispiel ist Nokia, ein Unternehmen, das einst Weltmarktführer war und heute zur Familie von Microsoft gehört. Es ist wichtig, ein Prinzip zu verstehen: Kunden nutzen, was ihnen hilft. Wenn sie von einer neuen Entdeckung profitieren, integrieren sie diese in ihr Leben. Deshalb ist die entscheidende Frage, wer einen Trend zuerst entdeckt und ihn für sich zu nutzen weiß.

Doch Kunden reagieren nicht sofort und nicht in Scharen. Zuerst kommen stets die First Mover oder Early Adopter. Also die Menschen, die sich sofort auf jedes neue Produkt stürzen. Andere zögern länger, probieren es dann auch und benutzen es irgendwann ganz selbstverständlich. In diesem Zusammenhang werde ich den Satz meines besten Freundes nie vergessen: »Du glaubst doch wirklich selbst nicht, dass irgendjemand auf der Straße auch noch telefonieren will!« Selbst er will das heute nicht mehr gesagt haben.

Die Welt wird komfortabler. Maschinen werden Arbeiten verrichten, die Menschen nicht übernehmen können oder wollen. Der Vorteil: Die Menschen können noch individueller arbeiten, als es heute schon der Fall ist. Welche Revolution kommt als Nächstes? Ich tippe auf das Internet der Dinge und den 3-D-Druck. Eine der künftigen Generationen von Druckern ermöglicht es jedem, zum Unternehmer zu werden – wenn er oder sie es nur will.

Internet der Dinge

Das »Internet der Dinge« beschreibt die voranschreitende Entwicklung »intelligenter Gegenstände«, die den Personal Computer immer mehr ersetzen. Das Internet der Dinge soll den Menschen bei seinen Tätigkeiten noch stärker als bisher unterstützen.

Diese neuartigen Drucker stellen Produkte her wie aus dem Nichts – noch dazu als Einzelfertigung. Mit allen Konsequenzen. In den USA wurde auf diesem Weg der erste Revolver produziert, verbunden mit der Aufforderung an den US-Präsidenten, er solle es gefälligst jedem selbst überlassen, ob er eine Waffe tragen will oder nicht. In den USA ist diese Entwicklung derzeit leider nicht aufzuhalten, zum Glück verbieten unsere deutschen Gesetze dieses. Sogar Häuser sollen in Zukunft auf 3-D-Basis entstehen. Ich bin überzeugt: Eines Tages werden wir nicht mehr unterscheiden können, ob wir ein Produkt

Eines Tages werden wir nicht mehr unterscheiden können, ob wir nun ein Produkt aus klassischer Fertigung oder eine 3-D-Variante in den Händen halten.

aus klassischer Fertigung oder eine 3-D-Variante in den Händen halten.

Die neuen Technologien sind unter dem Gesichtspunkt der Produktindividualisierung ein großer Schritt nach vorn. Denn Sie werden als Unternehmer in der Lage sein, jedem Kunden ein einzigartiges und damit individuelles Angebot zu machen. Sie können eine Ware oder Dienstleistung anbieten, die perfekt auf einen Menschen zugeschnitten ist. Die USA sind Vorreiter auf diesem Gebiet. Wie so oft ist man auf der anderen Seite des Atlantiks von dieser technischen Innovation begeistert. Darin sehen die Amerikaner schon heute einen der großen Märkte der Zukunft.

Zum Digital Native gesellt sich deshalb künftig der digitale Macher. Gleichzeitig wird der Wettbewerb um den Kunden härter. Umso wichtiger ist diese Weisheit: Fortschritt kann man nicht aufhalten, aber anführen.

Und jetzt Sie!

In diesem Buch konnten Sie über meine Erfahrungen der letzten 20 Jahre auf dem Gebiet der Kundenentwicklung lesen. Ich habe konkrete Beispiele aus unseren Beratungsprojekten einfließen lassen, mit denen wir beweisen konnten: Unternehmen steigern ihren Erfolg erheblich, wenn sie die Grundprinzipien des Clienting beherzigen.

Wenn ich meine Arbeit gut gemacht habe, wollen Sie jetzt selbst durchstarten. Denken Sie immer an das Grundprinzip, aus Sicht Ihrer Kunden zu agieren. Und betrachten Sie die »Herzenssache Kunde« als eine Reise, die niemals endet. Die Welt dreht sich schließlich weiter. Neue Ideen, Technologien und Trends kommen auf. Neue Kunden geben Ihnen immer wieder die Gelegenheit, ganz vorne mit dabei zu

Betrachten Sie die »Herzenssache Kunde« als eine Reise, die niemals endet.

sein. In diesem Buch habe ich zahlreiche Beispiele gegeben, wie Unternehmen mit dem Clienting-Konzept Erfolge erzielen. Allen ist gemeinsam: Sie machen sich Gedanken über neue Trends, sie stellen den Kunden in den Mittelpunkt. Noch kurz bevor ich dieses Buch fertigstellte, bestätigte mir ein Topmanager, der Kunde sei wieder ganz oben auf der Prioritätenliste des Unternehmens. Und so solle es auch in den nächsten Jahren bleiben.

Am besten legen Sie los, solange noch alles offen ist. Jetzt können Sie zu den Pionieren einer Welt gehören, die gerade erst entsteht. Alles ist noch möglich. Mir wird jeden Tag bewusster, welches gigantische Chancenpotenzial auf jeden von uns wartet. Sie müssen nur bereit sein, den ersten Schritt zu machen.

Wir sind erst am Anfang. Seien Sie neugierig! Haben Sie Mut! Ich wünsche Ihnen, dass Sie als »Erster mit Herz« im Kopf Ihrer Kunden ankommen und bleiben. Und übrigens: Wenn ich Ihnen einmal helfen kann, zögern Sie nicht, mich anzusprechen. Jetzt aber sind erst einmal Sie dran.

Viel Erfolg!

Auf den Punkt

- Die Menschen stehen erst am Anfang der Digitalen Revolution.
- Zum Digital Native gesellt sich künftig der digitale Macher.
- Fortschritt kann man nicht aufhalten, aber anführen.

Anhang

Wie und was recherchieren Ihre Kunden im Internet? Das Tool zur Keyword-Analyse:

Akquisitionsbrief mit 90-Prozent-Rücklauf | Download als PDF-Datei:

Match Pitch Youtube-Video | Präsentieren Sie die Vorzüge Ihres Produkts in kürzester Zeit:

Alle Infos zum digitalen Verkäufer:

So machen Sie Ihre Kundenbeziehung zur Herzenssache

Ich lasse Sie jetzt nicht alleine und möchte Sie weiter auf Ihrem Weg begleiten. **Sie haben die Möglichkeit in meinem Blog auf www. geffroy.com oder mobil in meiner neuen App regelmäßig weiterführende Artikel rund um das Thema »Herzenssache Kunde« zu lesen und aktiv mitzugestalten.** Diskutieren Sie mit mir und schreiben Sie Ihre Meinung unter die Beiträge. Ich bin überzeugt, dass wir gerade erst am Anfang einer großartigen Entwicklung stehen, die das Business nachhaltig verändern wird.

Gerne möchte ich Ihnen an dieser Stelle meine neue App vorstellen. Die digitale Welt wird mobil und verlangt nach mehr Flexibilität. Aus diesem Grund können Sie nun zentralisiert in meiner App alle neuen Blog-Artikel zu »Herzenssache Kunde« lesen, Social-Media-Beiträge von mir verfolgen, Videos ansehen und viele weitere Infos einholen. Das Angebot wird stetig erweitert. Lassen Sie sich überraschen und laden Sie mit Ihrem Endgerät die App herunter.

Scannen Sie den QR-Code mit Ihrem iOs-, Android- oder Windows-Endgerät.

Über den Autor

Der Clienting-Gründer, Business-Neudenker und Zukunftsmotivator

Edgar K. Geffroy ist Unternehmer, Wirtschaftsredner, Bestsellerautor und Business-Neudenker. Mit 30 Jahren Berufserfahrung als Unternehmensberater zählt er heute zu den erfolgreichsten Referenten und Vordenkern in Deutschland. Der Erfinder des Clienting setzt immer wieder neue Maßstäbe im Bereich Kundenorientierung und Veränderung durch den digitalen Wandel.

Der Business-Speaker

Über 2.200 Auftritte vor mehr als einer halben Million Menschen zeigen die Akzeptanz seiner Konzepte. Keynotespeaker Edgar K. Geffroy begeistert, motiviert und inspiriert zu unternehmerischem Neudenken und bricht dabei gewohnte Denkmuster auf.

2012 erhielt der Keynotespeaker den Business-Vordenker-Preis des Jahrzehnts der Best of Best Academy, Wien. Er zählt zu den zehn wichtigsten Business-Motivatoren (*Wirtschaftswoche*) und zu den 25 führenden Wirtschaftsrednern Deutschlands (*GQ*). 2007 wurde er in die German Speakers Hall of Fame aufgenommen und trägt damit die höchste Auszeichnung der German Speakers Association.

Der Vordenker als Bestsellerautor

Erfolgsautor Edgar K. Geffroy revolutionierte mit seinen Bestsellern die Welt von Unternehmern, Marketingverantwortlichen und Verkäufern. *Das Einzige, was stört, ist der Kunde* behauptete sich 100 Wochen in den Top-Ten-Listen. Bis heute hat der Bestsellerautor mehr als 250.000 Bücher in 25 Ländern verkauft. Sein Motto »Die besten Gelegenheiten ergeben sich dann, wenn man die Grundregeln ändert« zieht sich wie ein roter Faden durch alle seine Themen.

Wer neue Wege gehen will, findet Geffroy.

Seminare & Vorträge »Herzenssache Kunde«

Er inspiriert die, die erfolgreich werden wollen!

Edgar K. Geffroy motiviert in seinen Vorträgen und Seminaren Menschen dazu, neue Wege zu gehen und Chancen zu ergreifen. Seine Überzeugung »Erfolge entstehen im Kopf!« ist die Grundlage für seine Motivationsvorträge.

Durch seinen unermüdlichen Pioniergeist ist Edgar K. Geffroy mit seinen Businessvorträgen stets am Puls der Zeit, um Unternehmen neue Chancen aufzuzeigen. Seine unverwechselbare Kompetenz ist es, sich in seinen Vorträgen individuell auf die Themenbrennpunkte seiner Kunden einzustellen – damit garantiert er den größtmöglichen Nutzen für seine Zuhörer. Wer in Zukunft erfolgreich sein will, muss den Kunden zum Mittelpunkt seiner Geschäftsstrategie machen. Fernab von Kundenzufriedenheitsquoten geht es darum, den Kunden zur persönlichen Herzenssache zu machen. Führungskräfte und Mitarbeiter im Unternehmen müssen diese Einstellung in ihren Herzen tragen.

Werden Sie Erster im Kopf Ihres Kunden!

Kundenbegeisterung muss zum individuellen Auftrag für jeden werden. Nur wenn Führungskräfte und Mitarbeiter diese Einstellung wirklich leben, wird man in Zukunft die Chance haben, Erster im Kopf des Kunden zu werden und zu bleiben.

Herzblut ist die Basis dafür, die Einstellung zum Kunden nach innen und nach außen zu leben, zum Beispiel mit der Suche nach neuen Themen, die dem Kunden helfen und ihn überraschen. Heute brauchen wir eine neue Generation von Managern, die mit Empathie führen können.

Die »Herzenssache Kunde« ist eine Grundeinstellung und zentraler Schlüsselfaktor für Ihren Erfolg!

Der Erfinder des Clienting präsentiert sein Konzept, mit dem heutige Kunden gewonnen und gehalten werden können.

Kernthesen:

- Kunden kaufen heute anders
- Werden sie »Erster mit Herz« im Kopf Ihres Kunden
- »Herzenssache Kunde« muss zuerst durch Mitarbeiter gelebt werden
- Kunden wollen heute eine neue Beziehungsqualität
- Das Clienting-Konzept als neuer Kundenweg
- Ehrliche Gefühle und Emotionen statt Produkte und Rabatte
- »Helfen statt Dienen« als Kerngeschäft

Buchen Sie Edgar K. Geffroy – den Neudenker!

Sofort-Kontakt: +49 (0)211 40 80 97-0

Weitere Informationen zu den Vortragsthemen und vielem mehr finden Sie unter:

www.geffroy.com

Kompetenz

Ein kreativer Andersdenker, der aus Ihrem Produkt einen Verkaufsschlager macht

Edgar K. Geffroy ist ein Andersdenker, der schneller als andere neue Marktlücken erkennt. Sein herausragendes Gespür für das Geschäft von morgen, wofür er seit 30 Jahren bekannt ist, beweist es. Alleine 2012 erhielt er den Business-Vordenker-Preis des Jahrzehnts der Best of Best Academy, Wien.

Mit dem Ansatz, anders zu denken, hat Edgar K. Geffroy Geschichte geschrieben ...

Mit der Clienting-Lehre hat Edgar K. Geffroy in den 1990er-Jahren Geschichte geschrieben und Unternehmen neue Wege gezeigt, auf einfache und andersdenkende Weise ihre Umsätze überproportional zu steigern. Mit diesem zentralen Beitrag zur Kundenorientierung haben Unternehmen in gesättigten Märkten neue Chancen erhalten. Mit nachweisbaren Erfolgen!

Heute wird Clienting von zahlreichen Unternehmen umgesetzt. Etliche Firmen sind sogar zu Marktführern aufgestiegen. Damit hat der Bestsellerautor und Businessvordenker die Grundregeln des Geschäfts verändert.

Der Vermarkter für Neues, der Produkte anders sieht

Er ist ein Andersdenker, weil er Märkte und Produkte anders sieht als andere. Wie kein Zweiter hat er ein Gespür dafür, wie Sie Ihr Produkt oder Ihre Dienstleistung erfolgreich vermarkten müssen, um Ihren Umsatz überdurchschnittlich zu steigern. Er erkennt sofort, mit welchen innovativen Verkaufsstrategien Sie Ihre Kunden für den Kaufabschluss gewinnen. Und er weiß, welche immensen Marktchancen das Internet dabei bietet, der größte Wachstumsmarkt aller Zeiten. Dabei kombiniert er klassische Verkaufsmethoden mit den neuen Internetspielregeln und Social Media zu einer neuen Strategie.

Ein konsequenter Andersdenker, der Unternehmen zu Marktführern macht und Wachstumshorizonte neu entstehen lässt

Ab Mitte der 1990er-Jahre hat Edgar K. Geffroy mit seinem Clienting-Konzept zum Beispiel ein Unternehmen aus der Finanzdienstleistungsbranche begleitet und dabei unterstützt, zu einem börsennotierten Konzern aufzusteigen. Mehr als 14 Jahre war er selbst als Leiter der Akademie mit dabei.

Noch ein weiteres Beispiel: In den 1990er-Jahren wurde der Businesspionier mit der Aufgabe betraut, die Organisation eines Massivbauhaus-Anbieters im Franchisesystem zu durchleuchten und konstruktive Verbesserungen vorzuschlagen. Durch seine Maßnahmen und eine systematische Umsetzung seines Clienting-Ansatzes »von innen und nach außen« wuchs der Massivbauhaus-Anbieter in den Folgejahren überproportional. Dabei schlug Edgar K. Geffroy dem Unternehmen vor: Gemeinsam einen TÜV für Bauen ins Leben zu rufen, um die Sicherheit für Bauherren zu erhöhen.

Edgar K. Geffroy ist anders, weil er für Sie Verkaufslücken findet, an die Ihre Konkurrenz meistens gar nicht denkt! Gut für Sie!

Edgar K. Geffroy gehört in der Wirtschaft zu einem Andersdenker-Typus, der für Unternehmen permanent nach Verkaufslücken sucht und sie auch findet.

Erste Verkaufslücke: Das 7x-Kontaktsystem zur Neukundengewinnung

In den 1990er-Jahren entdeckte Edgar K. Geffroy als einer der Ersten, dass Unternehmen deutlich mehr Kunden gewinnen können, wenn sie ein systematisches 7x-Kontaktsystem zum Neukunden aufbauen: Sieben konkrete Schritte führen zum Kauf. Viele Konzerne wie Mercedes und Jaguar haben diese Verkaufslücke als eine der ersten Unternehmen umgesetzt. Mit deutlich höheren Kaufabschlüssen. Heute nennen die Amerikaner dieses System Drip-Marketing, das sich besonders im Internet als effektives Instrument zu Neukundengewinnung erweist.

Zweite Verkaufslücke: Mehr Verkaufen an den digitalen Kunden

Lange Zeit waren Unternehmen verschiedener Branchen unsicher, ob das Internet als digitaler Marktplatz tatsächlich mehr Umsatz einbringt. Auch hier erkannte der renommierte Businessvordenker, dass es neben einfachen Onlineshops auch andere Verkaufslücken gibt, die sich als lukrative Einkommensquelle erweisen. Auch kleine Unternehmen können ihren Umsatz damit erheblich steigern.

Dritte Verkaufslücke: Überproportionale Wachstumschancen mit dem individuellen Kunden

Das ist die neueste Geschäftsidee: Bereits in den 1990er-Jahren hatte Edgar K. Geffroy die Human Economy vorausgesagt, in der der einzelne (!) Mensch im Mittelpunkt unternehmerischen Handelns stehen würde. Heute ist der einzelne Kunde tatsächlich mächtiger als je zuvor – er ist zu einer Macht geworden. Und er ist längst auf Augenhöhe mit den Unternehmen. Für ihn ist das Internet wie Strom aus der Steckdose: ganz normal.

Marktteilnehmer, die jetzt eine Stufe weitergehen und ihren Kunden individuelle Lösungen präsentieren, können ihren Umsatz in klassisch gesättigten Märkten steigern. Die ersten Firmenbeispiele berichten bereits von Umsatzsteigerungen um mindestens 30 Prozent. Auch hier nutzen die First Mover eine neue Verkaufslücke, die in diesem Jahrzehnt erst ganz am Anfang steht und das 21. Jahrhundert dominieren wird. Der individuelle Kunde wird neue Angebote fordern.

Vierte Verkaufslücke: Revolutionieren Sie Ihre Kundenakquise mit digitalen Verkäufern

Jede Ära braucht innovative und vor allem wirksame Vermarktungsmethoden. Edgar K. Geffroy hat diese unter dem Begriff »digitale Verkäufer« zusammengefasst. Digitale Verkäufer sind videobasierte Werkzeuge, die Sie für jede Zielgruppe individuell einsetzen können. Dabei ist es irrelevant, ob Ihre Zielgruppe Topentscheider (Management), Unternehmen (B2B), Endkunden (B2C) oder Ihre eigenen Mitarbeiter sind. Geffroy ist überzeugt: Die größte Chance stellt das Video dar. Ungefähr 98 Prozent der Unternehmen nutzen diese Chance nicht! Dabei steckt hier das größte Potenzial, um Kunden zu gewinnen. Warum? Videos sind Eyecatcher, digitale Verkäufer und werden beispielsweise siebenmal häufiger im Internet angeklickt als ein Text.

Ein Andersdenker für innovative Kunden- und Verkaufslösungen

Edgar K. Geffroy steht für innovative Kundenstrategien. Neben der strategischen Beratung liegt die Kernkompetenz seines Teams in der Umsetzung von innovativen Verkaufslösungen, die Sie vom Wettbewerb deutlich sichtbar abheben. Verkaufslösungen, die Sie in der Kundenwahrnehmung unverwechselbar machen. Individuelle Weblösungen, Mobile-Lösungen und Video-Konzepte sind die Basis für Ihren Erfolg von morgen, prognostiziert der preisgekrönte Businessvordenker.

Warum sollten Sie mit Edgar K. Geffroy zusammenarbeiten?

Weil es keinen Zweiten gibt, der so konsequent und mit schnellem Gespür erkennt, wie Ihr Unternehmen überproportional wächst.

Rufen Sie noch heute an und erfahren Sie, wie Sie Ihr Unternehmen erfolgreicher machen!

Sofort-Kontakt: +49 (0)211 40 80 97-0

Mehr Informationen zu Clienting, unseren digitalen Verkäufern, Kundenbeispielen und persönlichen Coachings finden Sie unter:

www.clienting-consulting.com

Der digitale Verkäufer

Salesmonial: Das neue Verkaufssystem – made by Geffroy

Die Kernaufgabe des Vertriebs hat sich nicht geändert, nur die Vorgehensweise muss sich jetzt auf die digitale Welt einstellen. Der Vertrieb muss die Spielregeln des Internetzeitalters virtuos beherrschen. Ein geändertes Einkaufsverhalten und erhöhter Wettbewerbsdruck stellen Unternehmen vor große Herausforderungen. Das Management ist gefordert, über alle Geschäftsbereiche hinweg neue Strategien ins Leben zu rufen. Es ist an der Zeit, den Vertrieb neu zu erfinden.

Edgar K. Geffroy hat ein schnelles und nachweislich erfolgreiches Vertriebskonzept entwickelt, das die Chancen der modernen Welt neuartig nutzt.

Salesmonial ist ein siebenstufiges Dialog-Selling-System mit dem Ziel, aus Online- und Offlinekontakten neue Kunden zu gewinnen und bisherige Kunden neu zu begeistern. Der Clou der gesamten Lösung: Salesmonial ist als digitaler Verkäufer im klassischen Vertrieb ebenso einsetzbar wie in der digitalen Welt. Unser Konzept erfüllt die Ansprüche heutiger Kunden auf eine verblüffende Art und Weise. Entscheidend ist die digitale Sales-Story, die ein Kundengespräch ganz oder teilweise ersetzen kann. Sie ist mit spezieller Technologie videobasiert, interaktiv und crossmedial einsetzbar. So haben Sie einen neuen Topverkäufer, der Kunden rund um die Uhr für Sie gewinnt. Unsere Verkaufsstorys basieren auf einer höchst filigranen Mixtur aus Neuheitswert, Motivation, Kreation und Verkaufsdidaktik. Wer diese Technik vor dem Wettbewerb einsetzt, hat eindeutige Marktvorteile und verblüffte Kunden.

Rufen Sie Edgar K. Geffroy an und erfahren Sie, wie das Vertriebs-konzept in Ihrem Unternehmen umgesetzt werden kann!

Sofort-Kontakt: +49 (0)211 40 80 97-0

Mehr Informationen zu unseren digitalen Verkäufern, Kundenbei-spielen und innovativen Kundenstrategien finden Sie unter:

www.clienting-consulting.com

Kontakt

Geffroy GmbH
Großenbaumer Weg 5
40472 Düsseldorf
Tel: +49 (0)211 40 80 97-0
Fax: +49 (0)211 40 80 97-26
E-Mail: team@geffroy.com
www.geffroy.com
www.clienting-consulting.com

Stichwortverzeichnis

Triumph des Individuums

Die besten unternehmerischen Gelegenheiten ergeben sich immer dann, wenn sich wirtschaftliche Rahmenbedingungen grundlegend ändern. Eine solche massive Veränderung erleben Unternehmen derzeit: Sie werden herausgefordert vom Kunden der nächsten Generation, dessen Ansprüche sich nicht mehr nur mit standardisierten Strategien für die Masse befriedigen lassen. Immer häufiger verlangen Kunden heutzutage nach individuellen Lösungen, die ganz ihren persönlichen Wünschen und Vorstellungen entsprechen.

Anhand von 50 Firmenbeispielen belegt Geffroy eindrucksvoll, wie diese nächste Stufe der Kundenorientierung vonstattengeht und welche Veränderungen sich dadurch für Unternehmen ergeben. Dieses Buch ist geschrieben für jeden Unternehmer und jedes Unternehmen, das den Wert des Kunden als wichtigsten Aktivposten sieht.

Ein Buch für Vordenker der nächsten Wirtschaftsära, die gerade beginnt.

208 Seiten
Hardcover
24,99 € (D) | 25,70 € (A)
ISBN 978-3-86881-491-0

www.redline-verlag.de

REDLINE | VERLAG

Das Einzige, was stört, ist der digitale Kunde

Während immer mehr Menschen das Internet zur Information und zum Kauf nutzen, sind in vielen Unternehmen die Vertriebs-, Service- und Verkaufsabteilungen immer noch im »Offline-Denken« verhaftet. Diese Unternehmen verpassen die Veränderung ihrer Kundenwelt und laufen Gefahr, den Kontakt zu ihren Käufern und Klienten zu verlieren. Die Orientierung am digitalen Kunden erfordert es, die Kommunikation neu zu gestalten: Die gesamte Kundenorientierung muss internetfähig werden. Um sich diese neue Gruppe optimal zu erschließen, ist es unerlässlich, dass ein neues Denken und neue Prozesse im gesamten Unternehmen Einzug halten. Edgar K. Geffroy hat dazu ein »Update« seines bekannten Erfolgskonzepts des Clienting vorgenommen – und zeigt, dass das neue Online-Clienting der richtige Schlüssel zum digitalen Kunden ist.

192 Seiten
Hardcover
19,99 € (D) | 20,60 € (A)
ISBN 978-3-86881-297-8

www.redline-verlag.de

REDLINE | VERLAG